晚蜜果实

晚蜜结果状

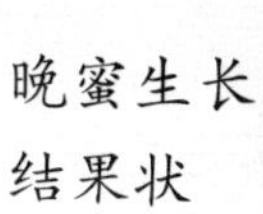

晚蜜生长结果状

瑞光 22 号果实

瑞光 5 号果实

瑞光5号结果状

瑞光19号果实

瑞光19号结果状

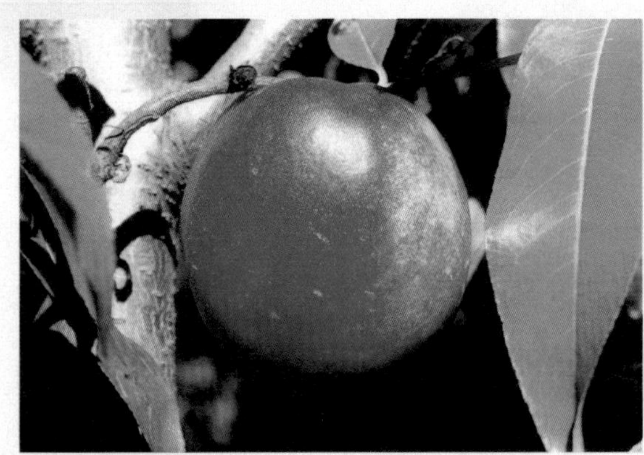

瑞光27号果实

瑞光28号果实

早露蟠桃结果状

瑞蟠 8 号果实

瑞蟠2号果实

瑞蟠2号结果状

瑞蟠3号
结果状

瑞蟠 4 号果实

瑞蟠4号生
长结果状

瑞蟠 1 号果实

瑞蟠5号果实

瑞蟠5号结果状

金童5号结果状

燕黄结果状

日光温室内
栽培的桃树

桃冠腐病症状

桃无公害高效栽培

张克斌　张　鹏　编著

金盾出版社

内 容 提 要

本书由北京市农林科学院林业果树研究所张克斌研究员和中国科学院植物研究所张鹏研究员编著。主要介绍桃无公害栽培的意义，无公害食品桃的质量标准及质量认证，桃无公害栽培的环境条件和高产技术，桃无公害设施栽培，桃病虫害的无公害防治，以及桃果的无公害采收、分级、包装与贮运等知识和技术。全书内容丰富系统，技术先进实用，语言通俗易懂，可操作性强，具有积极的指导作用。适合果农、桃树栽培爱好者和果品生产技术人员，以及农林院校有关专业师生学习使用。

图书在版编目(CIP)数据

桃无公害高效栽培/张克斌，张鹏编著．—北京：金盾出版社，2004.3

(果品无公害生产技术丛书)

ISBN 978-7-5082-2882-2

Ⅰ．桃…　Ⅱ．①张…②张…　Ⅲ．桃-果树园艺-无污染技术　Ⅳ．S662.1

中国版本图书馆 CIP 数据核字(2004)第 007605 号

金盾出版社出版、总发行

北京太平路 5 号(地铁万寿路站往南)

邮政编码：100036　电话：68214039　83219215

传真：68276683　网址：www.jdcbs.cn

彩色印刷：北京精美彩印有限公司

黑白印刷：北京天宇星印刷厂

装订：双峰装订厂

各地新华书店经销

开本：850×1168 1/32　印张：6.875　彩页：8　字数：167 千字

2007 年 10 月第 1 版第 3 次印刷

印数：19001—25000 册　定价：9.50 元

序言
XUYAN

果品是人类食品的重要组成部分。随着我国人民生活水平的提高和消费观念的转变，生产优质、安全的无公害果品，已成为广大消费者的共同要求和提高果业生产效益的重要举措。为了解决农产品的质量安全问题，农业部从2001年开始，在全国范围内组织实施了“无公害农产品行动计划”，分批制定和颁布了各种果品的无公害行业标准和无公害生产技术规程，使无公害果品生产不仅势在必行，而且有章可循。

实现果品的无公害生产，首先需要提高果品生产者、经营者以及管理者的无公害生产意识，使无公害生产技术规程能真正落到实处。为此，金盾出版社策划出版“果品无公害生产技术丛书”，邀请中国农业科学院果树研究所、中国农业科学院柑橘研究所、中国农业科学院郑州果树研究所、中国科学院植物研究所、福建农林大学、西北农林科技大学、山西省农业科学院和北京市农林科学院等单位的果树专家，分20分册，介绍了20种鲜食果品无公害生产的环境条件，无公害高效栽培技术，病虫害的无公害防治，果实采收、保鲜、运输的无公害管理，以及干果的无公害加工技术。“丛书”既讲求技术的先进性，更注重其实用性和可操作性，内容深入浅出，语言通俗易懂，力求使广大果农、基层农技推广人员和生产管理人员能读得懂,用得上。

我相信,这套“丛书”的出版发行,将在果品无公害生产技术的推广应用中发挥广泛的指导作用,为提高我国果品在国际市场的竞争力和果业的可持续发展,做出有益贡献。

[signature]

2003年8月

目录

MULU

第一章　桃无公害栽培的概念和意义

第二章　无公害食品桃的质量标准及质量检验与认证

第三章　桃无公害栽培的环境条件

第四章　桃无公害高产栽培技术

第五章　桃的无公害设施栽培

第六章　桃树病虫害的无公害防治

第七章　桃果的无公害采收、分级、包装及贮运

第一章 桃无公害栽培的概念和意义

一、桃生产概况

桃,原产于我国西部的西藏、甘肃和陕西等地黄河上游高原地带,是我国古老树种之一。其栽培历史已有3000年以上。桃向外传播约在公元前1~2世纪,通过丝绸之路由甘肃经新疆传入中亚的波斯(伊朗),以后传入地中海沿岸和欧洲各国。

在我国,桃的栽培地域很广。在北起黑龙江,南至广东,西自新疆和西藏,东至滨海各地和台湾的广大区域内,都有栽培。全国栽培的桃品种,约有800余个,栽培面积26.667万公顷(400万亩),年产量为73万吨。其中以山东、江苏、浙江、河南、河北、陕西、甘肃、山西和湖南等地栽培为多。山东的肥城、青州,河北的深州,江苏的无锡和太仓,浙江的杭州、奉化和宁波,甘肃的兰州和天水等地,都是历史上著名的桃产区。近年来,在北京、天津、唐山、烟台、青岛和上海等大城市,以及工矿企业区与旅游区附近,桃的栽培面积不断扩大。

桃是果树中经济栽培效益较好的树种之一。它具有生长快、结果早、早丰产和早收益等特点。而且耐旱力强,易管理,平地、山地和沙地都可以种植。桃是广大群众喜爱的水果之一。它果形美观,色泽艳丽,果肉汁多,芳香诱人,营养丰富。

目前,桃的栽培品种,鲜食以大果型(单果重250克以上)软质白肉品种为主,加工以硬质黄肉和硬质白肉品种为主。近年来,油桃有了较大的发展。国际上,大多数国家发展黄肉、风味偏酸的油桃为主。而我国则以发展白肉油桃品种为主。

随着生活水平的提高和环保意识的增强,人们对无公害桃的生产和消费,引起了浓厚的兴趣,给予了极大的关注,生产无公害桃,营销无公害桃,食用无公害桃,成了人们共同的愿望和要求。这种愿望与要求,形成一股强劲的力量,推动桃树栽培业向着更高的层次、更远大的目标迅速发展。

二、桃无公害栽培的概念

人们要求食用无公害的安全桃果。安全桃果的生产,是通过桃树无公害栽培来实现的。

所谓桃树无公害栽培,就是指所栽培桃树所处地域中的大气和土壤,以及对它所使用的肥料和灌溉用水等,凡栽培中所涉及到的范围,都不能有污染,即使略有污染,但也符合国家规定的标准。这样,所生产的桃树果实,即可叫做无公害果品。

生产无公害果品涉及的范围很广,它是环境、营养、卫生、生态和栽培等多领域科学技术的综合利用。在栽培上,果树无公害栽培又涉及土壤、肥料、植保和品种等具体学科知识的应用。其最终目的是保证所生产水果的安全性和优良品质。

随着人们生活水平的提高,对水果的安全和优质要求越来越高,无公害水果的需求量也逐年增加。1990 年,国务院关于进一步加强对农业环境保护工作的决定中指出:"农业部门必须加强对农业环境的保护和管理"。1993 年,《国务院关于发展高产、优质、高效农业的决定》中特别强调,要加强绿色食品的生产。国务院的决定,反映了人民群众的愿望和切身利益,指明了当前我国农业持续发展的方向。在桃树生产中落实国务院的决定,将会使桃树无公害栽培得到应有的发展。

据资料介绍,目前世界上包括我国在内的 80 多个国家和地区,都在研究和生产没有污染、品质优良、营养丰富的有机食品,即我国所倡导的 AA 级绿色食品(不能使用化学农药和化学肥料)。

我国组织实施无公害农业的时间不长，但取得了很大成绩。包括无公害果品在内的无公害农产品的种类和数量不断增加，其种植面积不断扩大，其生产技术规程和产品质量认证程序日臻完善，市场销售景象兴旺，经济效益十分可观。

实施桃树无公害栽培，主要应抓以下几个环节：①要因地制宜地选用最优良品种和最先进的栽培技术，以保证桃树果实的品质和营养。②在病虫害防治上，要适时地采取无公害防治措施，不能造成桃果的污染，以保证其果品安全性。③要创造有利于天敌繁衍、增殖而不利于病虫、杂草孳生的环境条件，保持桃园及其周围生态平衡和生物多样性，以减少病虫害造成的损失。④采用最先进的农业技术措施，如采用抗病虫的品种，进行果园行间生草和深翻晒土等。⑤在病虫害防治上，采用灯光或性诱剂，诱杀成虫，使用以微生物源、植物源和矿物源农药为主，配合使用高效、低毒、低残留的化学农药。严禁使用高毒农药。⑥施肥上以有机农家肥为主，提倡使用绿肥、土杂肥和复合肥。有限度地使用化肥，特别是氮素化肥。⑦灌溉用水要经过检测，符合国家标准才允许灌溉。⑧桃园所在地的大气环境也必须达到国家规定的无公害标准。随着工业、矿业和交通业的发展，而污染未得到有效治理的情况下，大气污染日益严重，尤其是靠近工矿企业、车站码头和高速公路等地的桃园受害更重。大气污染妨碍了桃树的正常生长，同时又严重影响生物间的自然平衡，干扰桃树、害虫和天敌三个营养层之间的平衡关系，致使害虫种群发生变化。只有使以上防治措施有机地相配合，才能生产出安全和优质、营养丰富的无公害食品。最终产品还要经过检测，各项指标符合国家规定的无公害标准，才能算是无公害食品。

三、桃无公害栽培的重要意义

无公害食品生产，与绿色食品生产、有机食品生产有相类似的含义，都是属于从事生产产品安全、品质优良和营养丰富食品的新型农业生产的概念。进行包括桃树无公害栽培在内的果品无公害生产，并不断把它普及扩大，加以提升，使之上升到更高的层次，这是功在当代，利于千秋，兴国举业，造福大众，促进民族发展的根本大事。当前，农药及废气、废水、废渣等污染，对生态环境造成了很大的危害，也给人们的生产、生活和生命健康，造成了许多的恶果。进行包括无公害桃生产在内的无公害农产品生产，就是要根治污染，降服污染恶龙，兴利除弊，使农业生产归入安全、健康、有利和高效的轨道。使之有利于人类身体健康，有利于生态环境的改善，有利于农业生产以及相关生产的发展。

第二章　无公害食品桃的质量标准及质量检验与认证

一、无公害食品桃的质量标准

果品的质量,包括外观形状、口感风味、营养含量和安全卫生等方面。无公害食品桃的质量,包括感官标准与安全卫生指标两个方面。其具体的要求,国家农业部2002年7月25日发布的农业行业标准NY5112—2002,做了明确的规定。符合这一规定的,即为我国的无公害食品桃;与这一规定相悖的,就不能称为无公害食品桃。

(一)感官标准

无公害食品桃,其感官要求是:清洁,新鲜;具有本品种果型的基本特征和本品种成熟后所固有的色泽,着色度达到其应有着色面积的25%以上,并具有本品种特有的风味,没有异常的气味。果面的机械伤损总面积不大于2平方厘米,无腐烂,无果肉褐变。果重差别不超过平均果重的5%。

(二)卫生安全标准

无公害食品桃,必须达到以下诸多方面的卫生安全指标:敌敌畏含量≤0.2毫克/千克,乐果含量≤1毫克/千克,百菌清含量≤1毫克/千克,多菌灵含量≤0.5毫克/千克,三唑酮含量≤0.2毫克/千克,氰戊菊酯含量≤0.2毫克/千克,毒死蜱含量≤1毫克/千克,溴氰菊酯含量≤0.1毫克/千克,辛硫磷含量≤0.05毫克/千克,铅(以Pb计)含量≤0.2毫克/千克,汞(以Hg计)含量≤0.01毫克/千克。符合以上各项标准的桃果,就是安全卫生的无公害食品,人们食用后就有利于健康,而无副作用。

二、无公害食品桃的质量检验

桃树的果实是否达到无公害的质量标准，要通过检验来确定。

（一）检验内容

无公害食品桃的检验内容，包括感官指标检验和卫生安全指标检验两个方面。每个方面的具体检验项目及其方法，均按国家农业部发布的农业行业标准 NY5112—2002 实施。

（二）检验规则

检验分为型式检验和交收检验。型式检验，是桃产品按规定的全部指标，进行的全面检验。它是在前后两次检验结果差异较大、环境发生较大变化和国家质量监督机构或主管部门提出要求时实施。交收检验是产品交收前，生产单位对感官要求、包装和标志等方面所进行的检验。检验时，将同一产地、同时采收的桃果，作为一个批次来进行。一个检验批次为一个抽样批次，并在全批货物不同部位随机抽取样品，使之检验结果具有代表性，适用于整个检验批次。检验时，对有缺陷样品要做记录，其不合格率按有缺陷果重计算，每批受检样品平均不合格率不应超过 5%。其卫生指标若有一项不合格，即判定该样品不合格。

三、无公害食品桃的质量认证

对无公害桃产品实行质量认证制度，严格遵守认证程序，可以维护无公害桃产品的信誉，保证产品质量认证结果的公正和科学，保护广大消费者的切身利益，保障无公害桃产品生产者的应有经济效益，促进桃树生产的健康发展。

具备无公害食品桃生产条件的单位和个人，都可以通过当地有关部门，向省级无公害农产品管理部门，申请无公害农产品产地认证，并提交相关的材料。申请人要据实填写无公害桃产品申请书、申请人基本情况及生产情况调查表，提供产品注册商标文本复印件，以及当地农业环境监测机构出具的初审合格证书等材料。

省级无公害农产品管理部门，收到申请后，要组织有资质的人员进行审查。在确认申请人材料基本符合条件后，即委托省级农业环境保护监测机构，对产地进行现场检查和抽样检验，对符合要求者，进行全面评价，做出认定终审结论。对符合颁证条件的，颁发《无公害农产品产地认证书》。

无公害农产品认证工作，由国家农业部产品质量安全中心承担。申请无公害桃产品认证的单位和个人，通过省级农业行政主管部门或直接向农产品质量安全中心申请产品认证，并提交《无公害农产品产地认定证书》复印件等材料。产品质量安全中心对材料审查、现场检查(需要的)和产品检验符合要求的，进行全面评审后做出认证结论，对符合无公害质量标准者，颁发《无公害农产品认证证书》。

申请人在取得《无公害农产品认证证书》和无公害产品标志后，应在其桃产品说明书和包装上，标明无公害农产品标志、批准文号、产地和生产者等情况。说明文字应清晰、完整、准确和简明。

无公害农产品标志和证书，有效使用期为三年。使用者必须严格履行无公害农产品标志使用协议书，并接受环境和质量检测部门的定期抽检。

第三章　桃无公害栽培的环境条件

一、大气环境标准

无公害桃园的大气环境不能受到污染。大气的污染物，主要有二氧化硫、氟化物、臭氧、氮氧化物、氯气、碳氢化合物以及粉尘、烟尘和烟雾等。这些污染物直接伤害果树，妨碍果树的光合作用，破坏叶绿素，致使花朵、叶片和果实中毒。人们食用这样的果品后，会引起急性或慢性中毒。因此，桃园的所在地大气质量，要求达到国家制定的大气环境质量标准 GB3095—82(表 3-1)。

表 3-1　大气环境质量标准

污染物	浓度限值(毫克/立方米)			
	取值时间	一级标准	二级标准	三级标准
总悬浮颗粒物	日平均①	0.15	0.30	0.50
	任何一次②	0.30	1.00	1.50
飘　尘	日平均	0.05	0.15	0.25
	任何一次	0.15	0.50	0.70
二氧化硫	年日平均③	0.02	0.06	0.10
	日平均	0.05	0.15	0.25
	任何一次	0.15	0.50	0.70
氮氧化物	日平均	0.05	0.10	0.15
	任何一次	0.10	0.15	0.30
一氧化碳	日平均	4.00	4.00	6.00
	任何一次	10.00	10.00	20.00
光化学氧化剂(O_3)	1小时平均	0.12	0.16	0.20

注:①日平均为任何一日的平均浓度不许超过的极限

②任何一次为任何一次采样测定不许超过的极限

不同污染物任何一次的采样时间,见有关规定

③年日平均为任何一年的日平均年浓度平均值不可超过的限值

大气环境质量分为三级:

一级标准:为保护自然生态和人群健康,在长期接触情况下,不发生任何危害影响的空气质量要求。生产无公害果品的环境质量应达到一级标准。

二级标准:为保护人群健康和城市、乡村的动物、植物,在长期和短期接触情况下,不发生伤害的空气质量要求。

三级标准:为保护人群不发生急性慢性中毒,和城市动物、植物(敏感者除外)能正常生长生活的空气质量要求。

二、土壤环境质量标准

土壤的污染源,主要有以下四个方面:①水污染。这是由工矿企业和城市排出的废水、污水污染所致;②大气污染。工矿企业及机动车、船排出的有毒气体被土壤所吸附;③固体废弃物。由矿渣及其它废弃物施入土中所造成的污染;④农药、化肥污染等。果园土壤监测的必测项目是:汞、镉、铅、砷、铬等重金属和六六六、滴滴涕两种农药,以及土壤的 pH 值。土壤污染程度的划分共分五级。

一级(污染指数≤0.7),为安全级,土壤无污染。

二级(0.7~1.0),为警戒级,土壤尚清洁。

三级(1~2),为轻污染,土壤污染超过背景值,果树开始被污染。

四级(2~3),为中污染,果树被中度污染。

五级(>3),为重污染,果树受严重污染。

只有达到一、二级标准的土壤,才能作为生产无公害果品的基地。

土壤重金属污染残留限量标准,因土壤质地不同而有所不同。一般采用与土壤背景值(本底值)相比,具体可参阅中国环境质量监测总站编写的《中国土壤环境背景值》一书的相关部分。六六六和滴滴涕两种农药残留量均不得超过0.1毫克/千克。

三、灌溉用水质量标准

桃园灌溉用水要求清洁无毒。具体标准参照国家制定的农田灌溉用水标准 GB 5084-92 执行(表3-2)。

表3-2 无公害桃园灌溉用水质量要求

项　目	指标(毫克/千克)
pH值	5.5~8.5
汞≤	0.001
镉≤	0.005
铅≤	0.1
砷≤	0.05(水田),0.1(旱田)
铬≤	0.1
氟化物≤	3.0(高氟区),2.0(一般区)
氯化物≤	250
氰化物≤	0.5

第四章 桃无公害高产栽培技术

第一节 优良抗性品种的选择

一、品种选择原则

品种选择,是建立果园的关键。选择品种,要根据产品利用的目的而定。品种配置要考虑市场的需求,错开成熟期,以免集中成熟上市,造成人力与销售、运输的紧张。

以鲜食果品供应市场为栽培目的的,要选择果型大,肉质柔软,果形整齐,果面色泽艳丽,糖酸比高,风味浓郁而具芳香的桃品种。以罐藏和果脯等加工原料生产为主要目的的,则要选择果实横径在6厘米左右,两半对称,大小均匀,核小肉厚,核周果肉无红或少红色,肉内无红色渗入,果肉为不溶质,肉色金黄或白色,含酸量可高于鲜食品种的加工品种。

选择品种,还要考虑对当地水土、气候的适应性,特别是对远途引入品种,更需注意。如大久保桃在北方地区表现性状良好,而在江南地区结果则不理想,产量低。京川在北方冻花芽严重,而引到重庆表现丰产,成为加工原料的主栽品种之一。

交通方便与否,距销售市场的远近,这也必须考虑。如在城市近郊及旅游点上,基本上是当日采摘当日销售,可选用肉质较软的品种。距市场远或考虑要远途运输的,应选择肉质硬韧的或硬肉桃品种。

配置桃树品种时,尤应注意不同成熟期品种的搭配比例,要根据市场的需求及本地其它水果上市情况而选配。其具体比例,可依各地的不同具体情况,并按照市场的变化而作适当调整。在北京市,大体上早、中、晚熟桃的比例是4:3:3。近年来,由于市场的变化,新发展的比例又有所调整。加工原料品种是依加工厂的加工时期和加工能力来确定,但也必须是不同成熟期的合理配置。

要适当配置授粉树。桃树多数品种可自花结果,但异花授粉也有提高产量的表现。但有一些桃树品种,花粉败育,不能自花结实。如砂子早生、白花、华玉、八月脆和丰白等品种,都必须配置授粉树,产量才有保证。授粉树品种的花期,要与被授粉品种花期相同,而且花粉量要多。授粉树可同是主栽品种或主要品种,其比例可以为1:1,1:2或1:3,但一般不少于1:5。

二、普通桃优良品种介绍

(一)早　美

系北京市农林科学院林业果树研究所于1981年以庆丰×朝霞育成的极早熟白肉桃品种,1994年定名。

果实近圆形,果实圆整,果个均匀,色泽鲜艳,成熟时果面近全面玫瑰红色晕。平均单果重97克,最大果重168克。果肉白色,硬溶质,完熟后柔软多汁,风味甜,可溶性固形物含量为8.5%~9.5%。粘核,不裂核。

树势强健,树姿半开张。花芽起始节位为1~2节。蔷薇形花,花粉多。各类果枝均能结果,丰产性强。在北京地区,6月上旬成熟,较春蕾早3~4天,比早花露早2天左右,果实发育期为50~55天。

(二)京　春

系北京市农林科学院林业果树研究所于1974年用早生黄金自然实生育成的极早熟品种,1989年定名。

果实近圆形,果顶圆,缝合线浅。平均单果重131.3克,最大果重150克。果皮黄白色,阳面具红色条纹,绒毛中等。果肉白色，阳面稍有红色，肉质较软汁多，味甜，可溶性固形物含量为9.5%～10%。粘核，不裂。

树势中庸，树姿半开张，发枝力较好。花芽起始节位低，以复花芽为主。各类果枝均能结果，丰产性良好。在北京地区，6月15日左右成熟。果实发育期为60～65天。

栽培要点：成熟期早，果实发育期短，应适当疏果，并在秋季增施基肥，花后适当追施磷、钾肥，以利于果实发育和提高品质。

（三）庆　丰

原代号为北京26号，亲本为大久保×阿目斯丁。系北京市农林科学院林业果树研究所于1964年杂交培育而成，1979年定名。

果实椭圆形，平均单果重121克，果径为6.63厘米×6.17厘米×6.47厘米；果顶圆形，缝合线处微凹，幼果期顶部常有突尖，缝合线浅，两侧较对称，果形整齐。绒毛中等。果皮底色淡黄绿色，阳面有红色至深红细点晕或条纹，易剥离。果肉乳白色，近核处淡绿色。肉质柔软，汁液多，纤维少；风味甜，近核处微酸；无异味；半离核，核中等大；可溶性固形物含量为9.0%，含可溶性糖8.37%，含酸量为0.32%，含维生素C 6.91毫克/100克。

在北京地区，3月底至4月上旬叶芽萌动，5月上旬新梢开始生长，5月下旬萌发副梢。4月上中旬始花，4月中下旬盛花，4月底末花。6月下旬至7月初果实成熟。果实发育期为73天。

树势强，树姿半开张，复花芽多，花粉多，丰产性良好。

（四）北农早艳

原代号为6-25。亲本不详。系中国农业大学园艺系于1963年杂交培育而成，1979年定名。

果实近圆形，果实较大，平均单果重134.0克，最大果重250克。果顶圆或微凹，缝合线浅而明显，两侧较对称，果形整齐。绒毛中等。果皮底色浅黄绿色，具鲜红色晕，果皮中等厚，完熟后易剥离。果肉绿白色，近核处与果肉同色。肉质致密，完熟后汁液多。风味甜,有香气。粘核,核中等大。可溶性固形物含量为10.4%,可溶性糖含量为7.29%,含酸量为0.34%,维生素C含量为6.30毫克/100克。

在北京地区,3月底至4月初叶芽萌动,5月上旬新梢开始生长,5月下旬萌发副梢。4月中旬始花,4月中下旬盛花,4月底末花。7月初果实成熟。果实发育期为75天。

树势健壮,树姿半开张,花芽节位低,复花芽多,有花粉,丰产性良好。

(五)早久保

别名香山水蜜,来源不详。

果实近圆形,平均单果重154.0克,果径为6.85厘米×6.86厘米×7.41厘米。果顶圆微凹,缝合线浅,两侧较对称,果形整齐。绒毛少。果皮淡绿黄色,阳面有鲜红色条纹及斑点,易剥离。果肉乳白色,皮下有红色,近核处红色。肉质柔软,汁液多,风味甜,有香气,半离核。可溶性固形物含量为10.0%,含可溶性糖7.63%,含酸量为0.42%,维生素C含量为8.36毫克/100克。在北京地区,3月底至4月上旬叶芽萌动,5月初新梢开始生长,4月中旬始花,4月中下旬盛花,4月底末花。7月上中旬采收果实。果实发育期为91天。

树势中等,树姿开张,花芽节位低,复花芽多,花粉多,丰产性良好。

(六)大久保

原产于日本。果实近圆形,平均单果重204.0克,果径为6.92厘米×7.01厘米×7.60厘米。果顶圆微凹,缝合线浅较明显,两侧较对称,果形整齐。绒毛中等。果皮浅黄绿色,阳面乃至全果着红色条纹,易剥离。果肉乳白色,阳面有红色,近核处红色。肉质致密柔软,汁液多,纤维少,风味甜,有香气。离核。可溶性固形物含量为12.0 %,含可溶性糖7.29%,含酸量为0.64%,维生素C含量为 5.36 毫克/100 克。

在北京地区,4 月上旬叶芽萌动,5 月上旬新梢开始生长,5 月下旬萌发副梢。4 月上旬花芽膨大,4 月中旬始花,4 月中下旬盛花,4 月底末花。果实采收期在 7 月底至 8 月初,果实发育期为 105 天。树势中庸,树姿开张,花芽节位低,复花芽多,花粉多,丰产性良好。

(七)京　玉

原代号为北京 14 号。亲本为大久保 × 兴津油桃。系北京市农林科学院林业果树研究所于 1961 年杂交育成,1975 年定名。

果实椭圆形,平均单果重 162.0 克,最大果重 233.0 克。果径为 6.80 厘米 × 6.40 厘米 × 6.70 厘米。果顶圆,微凸,缝合线中深,两侧较对称,果形整齐。绒毛少。果皮底色浅黄绿色,阳面少量深红色条纹或晕,不易剥离。果肉白色,缝合线处有红色,近核处红色。肉质硬脆,完熟后为粉质,汁液少,纤维少,风味甜,离核,无裂核。可溶性固形物含量为 9.5%,含可溶性糖 7.48%,含酸量为 0.50%,维生素 C 含量为 5.81 毫克/100 克。

在北京地区,3 月底至 4 月上旬叶芽萌动,5 月上旬新梢开始生长,5 月下旬萌发副梢。4 月上中旬花芽膨大,4 月中旬始花,4 月中下旬盛花,4 月底末花。果实采收期在 8 月上旬,果实发育期为 109 天。树势较强,树姿半开张,花芽节位低,复花芽多,花粉多,丰产,耐贮运。

(八)京　艳

原代号为北京 24 号。亲本为绿化 5 号 × 大久保。系北京市农林科学院林业果树研究所于 1961 年杂交育成,1977 年定名。

果实近圆形,平均单果重 185.0 克,最大果重 287.0 克。果径为 6.90 厘米 × 6.90 厘米 × 7.20 厘米。果顶平或微凹,缝合线较浅或中等,两侧较对称,果形整齐。绒毛少。果皮底色黄白带绿色,全果可着红至深红色点状晕,较易剥离。果肉白色,阳面具深红色,近核处红色。肉质细密而软,汁液较多,纤维少,风味甜,有香气,粘核。可溶性固形物含量为 10.5%,含可溶性糖 7.45%,含酸量为 0.57%,维生素 C 含量为 5.96 毫克/100 克。

在北京地区,4 月上旬叶芽萌动,4 月中旬始花,4 月中下旬盛花,4 月底末花。果实采收期在 8 月底至 9 月初,果实发育期为 132 天。

树势强,树姿半开张,花芽节位低,复花芽多,花粉多,丰产性良好。

(九)八 月 脆

原代号为北京 33 号。亲本为绿化 5 号 × 大久保。系北京市农林学院林业果树研究所于 1961 年杂交育成,1977 年定名。

果实近圆形,平均单果重 245.5 克,最大果重 700 克。果顶平圆,缝合线浅,两侧较对称,果形整齐。绒毛较少。果皮底色黄白色,阳面具鲜红色或深红色晕,不能剥离。果肉白色,近核处红色。肉质细密而脆,汁液少,纤维少,风味淡甜,近核稍酸,粘核。可溶性固形物含量为 10.0%,含可溶性糖 8.65%,含酸量为 0.72%,维生素 C 含量为 6.820 毫克/100 克。

在北京地区,3 月底至 4 月上旬叶芽萌动,4 月中旬盛花。果实采收期在 8 月下旬,果实发育期为 122 天。树势强,树姿半开张,花芽节位稍高,无花粉;丰产性良好。

(十)燕　红

原代号为绿化 9 号。亲本不详。于 1954 年由东北义园的偶然实生苗中选出。1984 年定名。

果实近圆形,平均单果重 220.0 克,最大果重 650 克,果径为 6.80 厘米 × 7.25 厘米 × 7.40 厘米。果顶微凹,缝合线浅而明显,两侧较对称,果形整齐。绒毛少。果皮底色黄白带绿色,全果可着红至暗红色晕,完熟后易剥离。果肉乳白色微带红色,近核处为红色。肉质细密完熟后软,汁液较多,纤维少,风味甜,有香气,粘核。

可溶性固形物含量为 13.6%，含可溶性糖 9.45%，含酸量为 0.39%，维生素 C 含量为 5.86 毫克/100 克。

在北京地区，3 月底至 4 月上旬叶芽萌动，4 月上旬始花，4 月中旬盛花。

树势强健，树姿半开张，花芽节位较低，复花芽多，花粉多，丰产性良好。果实采收期在 8 月下旬至 9 月上旬。果实发育期为 120 天。

（十一）华　玉

系北京市农林科学院林业果树研究所于 1990 年用京玉 × 瑞光 7 号杂交选育出的新品种，2001 年通过品种审定，现正在推广。

果实近圆形，果个特大，平均单果重 270 克，大果重 400 克。果顶圆平，缝合线浅，梗洼深度和宽度中等，果皮底色黄白色，果面 1/2 以上着玫瑰红色或紫红色晕，外观鲜艳，绒毛中等。果皮中等厚，不能剥离。果肉白色，皮下无红，近核处有少量红色。肉质硬，细而致密，汁液中等，纤维少，风味甜浓，有香气，不褐变。耐贮运。核较小，鲜核重为 8.0 克，占果重的 2.96%，离核。可溶性固形物含量为 13.5%。含可溶性糖 9.73%，有机酸 0.71%。

在北京地区，一般 3 月下旬萌芽，4 月中旬盛花，花期一周左右。4 月下旬展叶，5 月上旬抽梢，8 月中下旬果实成熟。果实发育期 125 天左右。10 月中下旬落叶。生育期为 210 天左右。

树势中庸，树姿半开张。一年生枝阳面红褐色，背面绿色。叶片长 14.21 厘米，宽 3.82 厘米，叶柄长 0.9 厘米。叶片长椭圆披针形，叶面微向内凹，叶尖微向外卷，叶基楔形近直角，绿色。叶缘为钝锯齿。蜜腺肾形，2～4 个。花蔷薇形，粉红色；花药黄白色，无花粉；萼筒内壁黄绿色。雌蕊高于雄蕊。

该品种晚熟，果型大，离核。果肉质地极硬，耐贮运。由于无花粉，栽培时必须配置授粉树或进行人工授粉，以确保丰产。

(十二)晚　蜜

1987年在北京市农林科学院林业果树研究所杂种圃的自然实生苗中,所发现的极晚熟桃品种,亲本不详。1991年命名。

果实近圆形,果顶圆。平均单果重230克,最大果重420克。果皮底色淡绿,完熟时黄白色,果面1/2以上深红色晕。硬溶质,风味甜。可溶性固形物含量为14.5%,含可溶性糖8.51%,可滴定酸0.29%,维生素C含量为11.98毫克/100克。粘核,不裂果。蔷薇形花,花粉多。

在北京地区,3月底至4月上旬叶芽萌动,4月中旬始花,4月中下旬盛花,4月底末花。果实在9月底成熟,果实发育期165天左右。

树势强健,树姿半开张。花芽起始节位为第一至第二节。各类果枝均能结果,丰产性强。

(十三)玉　露

系上海龙华水蜜桃的后代,于1883年引入浙江省奉化,以后发展而成我国著名水蜜桃品种“玉露”。主要在江、浙、沪一带栽培。其它地区亦有引种栽培。

果实近圆至倒卵形,平均单果重110克,大果重180克。果顶微凹,小突起不明显,缝合线浅,两半较对称。果皮浅绿白色,阳面着有红晕,绒毛短,易剥离。果肉乳白色,内质柔软可溶,汁液多,味甜,有浓香。含可溶性固形物12%~15%。粘核,近核处肉色紫红。

在奉化地区,2月底萌芽,3月下旬盛花,果实于7月下旬至8月上旬成熟。果实发育期为120天左右。11月上旬落叶。生育期为240天左右。

树势中庸,以中长果枝结果为主,复花芽多。花芽起始节位低,着果率高,丰产。

树姿较开张,一年生枝红色,叶披针形,较小。叶面平展。花为蔷薇形,花粉量多,雌蕊略高于雄蕊。

该品种栽培已有百多年历史。在不同栽培条件下,已出现不少变异类型,经浙江省奉化有关单位的选评,选出早玉露、迟玉露、大玉露和花玉露等不同类型,正在推广中。

(十四)丰　白

原代号 60－28－5,曾用名甜白桃。系大连市农科所于 1960 年,从播种大久保自然实生种子中选育出的晚熟鲜食新品种。现主要栽培在辽宁盖县、营口、瓦房店、庄河和大连地区。在河北、北京和山东等地亦有引种栽培。

果实近圆形,平均单果重 350 克,大果重 900 克。缝合线中深。两半较对称,果顶圆平或有小尖。果皮黄绿色,有暗红色晕或条纹,绒毛短,易剥离。果肉乳白色。肉质细密,汁多,味甜。含可溶性固形物 10.6%。

在大连地区,4 月下旬至 5 月初盛花,果实于 8 月下旬成熟。树势强健,生长旺,复花芽多,以长果枝结果为主。丰产性好。

树姿开张,近似大久保,无花粉。

树姿开张程度,结果后更甚。为维持树的生长势,应注意提高角度。果实大,产量高。要注意留果量,以防因结果多而早衰。

(十五)肥 城 桃

为山东省肥城县的地方品种。相传有千年的栽培历史,有记载是在清初或更早一些,是我国古老而著名的品种。栽培集中的是山东,其它省、市都有引种。世界上产桃国家也都有引种。

由于长期以来采用实生和嫁接并用的繁殖方法,因而产生了相当多的类型,但主要栽培的有红里大桃和白里大桃两个类型。

1. 红里大桃　果实近圆形,平均单果重 250～300 克。果顶有小突尖,缝合线深,两半较对称。果皮乳白色,阳面有少量红晕,绒毛多,不易剥离。果肉乳白色,近核处红向果肉内辐射,肉质为硬溶质,细密,汁液较多,味甜稍带微酸,香气较浓。含可溶性固形物

10%～20%。粘核。耐贮运。

2. 白里大桃 果实近圆形。平均单果重150～250克，最大果重500克。果顶有小突尖，缝合线较深，两半较对称。果皮乳黄色，绒毛多，不易剥离。果肉白色，近核处无红色，肉质为硬溶质，细密而柔软，汁液较多，味甜有香气。含可溶性固形物17%左右。粘核，核小。较耐贮运。

在肥城地区，肥城桃于3月下旬叶芽萌动，4月下旬新梢开始生长。4月上旬初花，4月中旬盛花，花期长，可达20天。果实于8月下旬至9月上旬成熟。果实发育期为130～145天。11月中旬落叶。

该品种树势强，幼树以中、长果枝结果为主，盛果期后以短果枝及花束状果枝结果为主。单花芽较多，花粉能育，有部分无药花，有单性结果现象，果小，有核无仁者称“桃奴”。树姿较直立。一年生枝红褐色。叶片长披针形，叶片平展。花为蔷薇形，正常花为完全花，花粉多。大部雌雄蕊等高。

该品种适宜在地势平坦、排水良好、土层深厚的肥沃砂壤土上生长。在雨水多的潮湿地区，或干旱地区均不适宜。花期晚于大多数品种。要配置适宜的授粉树或进行人工授粉，方能确保产量。

(十六)深州蜜桃

原产于河北省深县至辛集一带，是栽培历史久远的著名地方品种。主要栽培在河北省的桃产区。

由于栽培历史悠久，与肥城桃相同，也是有复杂类型的群体，栽培较多。有代表性的为深州红蜜和深州白蜜两个类型。

1. 深州红蜜 果实尖圆形，平均单果重258克，大果重305克。果顶尖突，缝合线深，两半对称。果皮黄绿色，阳面有点状红晕，绒毛稀，难剥离。果肉白色，近核处与果肉同色，肉质为硬溶质，细密，味甜，有香气。含可溶性固形物15.2%。粘核。

2. 深州白蜜 果实尖圆形。平均单果重287克，大果重304

克。果顶呈乳状突起,缝合线深,两半对称。果皮黄绿色,绒毛中等。果肉黄白色,近核处淡绿色,肉质为硬溶质,细韧,汁液中等。味甜。粘核。

该品种在石家庄地区,4月上旬叶芽萌动,4月下旬至5月上旬新梢开始生长。4月中旬始花,4月下旬盛花。果实于8月底至9月初成熟,果实发育期为125~130天。10月底落叶,11月下旬落叶终止,树势强,以中短果枝和花束状结果枝结果为主。单花芽和复花芽都有,单花芽比例较大。花芽起始节位稍高。花期较晚,可免晚霜危害。

树姿半开张,一年生枝黄褐色。叶披针形,平展。花为蔷薇形,无花粉,雌蕊极高。有单性结果现象,果实味甜,果小,有核无仁,俗称"桃奴",比正常果迟熟1~2周。

该品种要求肥水条件较高。花粉败育和晚花,应有适宜的授粉树和人工授粉条件。

三、油桃优良品种介绍

(一)曙　光

原代号NYI。亲本为丽格兰特×瑞光2号。为中国农业科学院郑州果树研究所1989年杂交育成的特早熟油桃品种。1999年通过品种审定。

果实圆形或近圆形,果形整齐。平均果重80克左右。果顶平,微凹入,缝合线浅,两半部较对称。底色浅黄,果面全面着鲜红色或紫红色,无绒毛,有光泽,艳丽美观。果肉黄色,肉质柔软,纤维中等,近核处无红,风味酸甜,香气浓郁,多汁。粘核。含可溶性固形物13%~17%。

枝条萌发力和抽枝力均较强,各类果枝均能结果、早果和丰产。

在郑州地区,4月上旬开花,果实6月初成熟,果实发育期为

60天左右。花为蔷薇形,有花粉,自花结实。

(二)早 红 霞

原代号88－24－4。系1988年北京市农林科学院植保环保研究所用Armking×81－3－3(京玉×NJN76),杂交选育的油桃,1994年命名。

果实长圆形,果实整齐。平均果重96～100克。果顶圆,缝合线浅,不明显,两侧较对称,梗洼中深稍浅,广度中等。果皮底色绿白,果面80%以上着鲜红色条斑纹,无绒毛。果肉乳白色,皮下有少量淡红色,近核无红,果肉软溶质,质细,风味甜,有微香。粘核。含可溶性固形物9%～12%,品质中上等。

树体健壮,树势中等稍旺。以长、中果枝结果为主,多复花芽。花蔷薇形,花粉多,丰产性较好。在北京地区,6月21～26日果实成熟。

(三)瑞光1号

为北京市农林科学院林业果树研究所用京玉×B7R2T129杂交育成。于1982年杂交,1986年初选,初选号为82－40－12。1989年命名。1997年通过品种审定。在北京、河北和辽宁等地有栽培。

果实近圆或短椭圆形,纵径为5.46厘米,横径为5.27厘米,侧径为5.22厘米。平均单果重87克,大果重139克。果顶圆,缝合线浅,两侧较对称,果形整齐。果皮底色淡绿色或黄白色,光洁,无绒毛,果面1/2至全面着紫红或玫瑰红色点或晕,不易剥离。果肉黄白色,肉质细,完熟后软且多汁,为硬溶质,味酸多甜少,成熟度高时酸味降低,风味浓。粘核,鲜核重6.4克。含可溶性固形物8%～10.2%,可溶性糖7.87%,可滴定酸0.65%,维生素C含量为9.52毫克/100克。

树势较强,树冠较大,发枝力强。复花芽较多,占64%。花芽起始节位为第一至第二节。各类果枝均能结果,丰产性好,盛果期每667平方米(1亩,下同)产量达1 500千克以上。在北京地区,4月初萌芽,4月16～23日盛花,花期一周。果实6月底采收,发育期为70天左右。落叶期为10月下旬。年生育期为210天左右。

树姿半开张。一年生枝绿色,阳面红褐色。叶长椭圆披针形,叶面平展,叶基楔形,叶尖渐尖,深绿色,具光泽。蜜腺肾形,花为蔷薇形,雌蕊略高于雄蕊,花粉多。

该品种为优良的早熟油桃品种,果个大,果色红,风味浓,丰产。惟酸味较重。

生产上要注意加强早期肥水供应;适时采收;采收后控制灌水,以减少旺长。

(四)瑞光22号

为北京市农林科学院林业果树研究所用丽格兰特×85－48－12(秋玉×NJN76后代)杂交育成。于1990年杂交,1994年初选,选号为90－6－11。1997年命名。

果实椭圆或卵圆形,纵径为6.82厘米,横径为6.10厘米,侧径为6.10厘米。平均单果重137克,大果重154克。果顶圆,缝合线浅,两侧对称,果形整齐。果皮底色黄色,无绒毛,稍厚,耐贮运,不裂果,果面全面着深红色细点及晕,不易剥离。果肉黄色,肉质细韧,为硬溶质,味甜。半离核。含可溶性固形物9%以上。

树势中庸,丰产。在北京地区,7月上旬果实成熟。

该品种为早熟甜油桃品系。在生长期,需加强肥水管理,增强树势,促进果实增大和品质提高。

(五)瑞光2号

为北京市农林科学院林业果树研究所用京玉×NJN76杂交育成。于1981年杂交,1985年初选,初选号为81－26－2。1989年命名。1997年通过品种审定。在北京、辽宁、河北、河南和山东等地有栽培。近年发展较快。

果实短椭圆形,纵径为6.15厘米,横径为5.80厘米,侧径为

5.65厘米。平均单果重130克,大果重158克。果顶圆,缝合线浅,两侧较对称,果形整齐。果皮底色黄色,光洁,无绒毛,果面1/2着紫红色点或晕,不易剥离。果肉黄色,肉质细,完熟后软且多汁,为硬溶质;味甜,有香气,风味浓。粘核,鲜核重7.6克。含可溶性固形物7.0%~10.2%,可溶性糖7.62%,可滴定酸0.35%,维生素C含量为8.04毫克/100克。

树势强健,树冠较大,发枝力强。复花芽较多,占67%。花芽起始节位为第二节。各类果枝均能结果,丰产性好,盛果期每667平方米产量可达2000千克以上。在北京地区,4月初萌芽,4月17~24日盛花,花期一周。果实7月上旬采收,其发育期为80天左右。落叶期为10月下旬。年生育期为210天左右。

树姿半开张。一年生枝绿色,阳面红褐色。叶长椭圆披针形。叶面平展或略有皱,叶尖渐尖,深绿色,具光泽。蜜腺肾形,2~5个。花为铃形,雌蕊高于雄蕊,花粉多。

该品种为优良的早熟油桃品种,果个大,风味甜,美观,丰产。有裂果现象。成熟度较大时,果实较软。

(六)瑞光5号

为北京市农林科学院林业果树研究所用京玉×NJN76杂交育成。于1981年杂交,1985年初选,初选号为81-26-28。1989年命名。1997年通过品种审定。在北京和河北有栽培。近年发展较快。

果实短椭圆形,纵径为6.50厘米,横径为6.40厘米,侧径为6.40厘米。平均单果重145克,大果重158克。果顶圆,缝合线浅,两侧较对称,果形整齐。果皮底色黄白,无绒毛,果面1/2着紫红或玫瑰红色点或晕,不易剥离。果肉白色,肉质细,完熟后软且多汁,为硬溶质,味甜,风味较浓。粘核,鲜核重8.2克。含可溶性固形物7.4%~10.5%,可溶性糖7.03%,可滴定酸0.36%,维生素C含量为7.68毫克/100克。

树势强健，树冠较大，发枝力强。复花芽较多，占 50%。花芽起始节位为第一至第二节。各类果枝均能结果，丰产性好，盛果期每 667 平方米产量可达 2000 千克以上。在北京地区，4 月初萌芽，4 月 16～21 日盛花，花期一周。果实 7 月上中旬采收，其发育期为 85 天左右。落叶期为 10 月下旬。年生育期为 210 天左右。

树姿半开张。一年生枝绿色，阳面红褐色。叶长椭圆形，具光泽。蜜腺肾形，2～5 个。花为铃形，雌蕊高于雄蕊，花粉多。

该品种为优良的早熟油桃品种，果实大且圆整，风味甜，丰产。在多雨年份，有少量裂果出现。

生产上要注意适时采收。由于树势较强，修剪时应控制旺长。

（七）瑞光 7 号

为北京市农林科学院林业果树研究所用京玉 × B7R2T129 杂交育成。于 1982 年杂交，1986 年初选，初选号为 82－40－25。1989 年命名。1997 年通过品种审定。在北京、河北和辽宁等地有栽培。

果实近圆形，纵径为 5.75 厘米，横径为 5.60 厘米，侧径为 5.62 厘米。平均单果重 145 克，最大果重 183 克。果顶圆，缝合线浅，两侧对称，果形整齐。果皮底色淡绿色或黄白色，无绒毛，果面 1/2 至全面着紫红色点或晕，不易剥离。果肉黄白色，肉质细，为硬溶质，耐运输。味甜或酸甜适中，风味浓。半离核或离核，鲜核重 8.0 克。含可溶性固形物 9.5%～11.0%，可溶性糖 8.07%，可滴定酸 0.58%，维生素 C 含量为 9.86 毫克/100 克。

树势中等，树冠较小。复花芽较多，占 60%。花芽起始节位为第一至第二节。各类果枝均能结果，丰产性好，盛果期每 667 平方米产量可达 2000 千克以上。在北京地区，4 月初萌芽，4 月 16～23 日盛花，花期一周。果实 7 月中旬采收，其发育期为 90 天左右。落叶期为 10 月下旬，年生育期为 210 天左右。

树姿开张。一年生枝绿色，阳面红褐色。叶长椭圆披针形，叶面平展。叶基楔形，叶尖渐尖，深绿色，具光泽。蜜腺肾形，2～5个。花为蔷薇形，雄蕊略高于雄蕊，花粉多。

该品种为优良的早中熟油桃品种，果实大，果面红，肉质硬，风味浓，丰产。惟果面光泽度不够。

生产上要注意加强早期肥水供应，加强夏剪促进果实着色，控制留果量，防止树势早衰。

(八)红 珊 瑚

为北京市农林科学院植保环保研究所采用杂交方式而培育成的油桃新品种。于1988年杂交，1991年初选，1992～1994年复选，1995年命名。1997年通过审定。

果实近圆形，纵径为6.4厘米，横径为6.6厘米，侧径为6.8厘米。平均单果重160克，最大果重203克。果顶圆，缝合线浅，两侧对称或较对称。果面底色乳白，全面着明亮鲜红色至玫瑰色，有不明显条斑纹。果肉乳白色，硬溶质，肉质细。风味浓甜，香味中等。粘核。含可溶性固形物11%～12%，可溶性糖8.07%，可滴定酸0.24%，维生素C含量为18.26毫克/100克。

树势旺盛。结果早，丰产，稳产。各类果枝结果良好，幼树以长果枝结果为主。副梢结实力强。花芽起始节位为第一至第四节。二年生树株产桃果8～12千克。复花芽多，占72.8%。在北京地区，3月底、4月初萌芽，4月中旬开花，7月21～25日果实成熟。果实发育期为94～96天。10月下旬至11月初落叶。生育期为207天左右。

树姿半开张，幼树半直立。叶片宽披针形至长椭圆披针形，叶基楔形，先端渐尖，叶缘圆钝锯齿，不整齐。蜜腺肾形，2～4个。花为铃形花，花瓣深粉红色，花粉多。

(九)瑞光18号

为北京市农林科学院林业果树研究所用丽格兰特×81－25－15(京玉×NJN76后代)杂交育成。于1988年杂交，1992年初选，初选号为 88－5－28。1996 年命名，1999 年通过品种审定。

果实短椭圆形。纵径为 6.73 厘米，横径为 6.55 厘米，侧径为 6.55 厘米，平均单果重 210 克，最大果重 260 克，果顶圆，缝合线浅，两侧对称，果形整齐。果皮底色黄色，无绒毛，果面近全面着紫红色晕，不易剥离。果肉黄色，肉质细韧，为硬溶质，耐运输；味甜。粘核。含可溶性固形物 10.0%。在北京地区，7 月底成熟，极丰产。

该品种为中熟甜油桃新品种，树势强，坐果率高。应加强夏剪，控制旺长，合理疏花疏果，提高果实品质。

(十)瑞光 19 号

为北京市农林科学院林业果树研究所用丽格兰特 × 81－25－6(京玉 × NJN76 后代)杂交育成。于 1988 年杂交，1992 年初选，初选号为 88－4－39。1996 年命名，1999 年通过品种审定。

果实近圆形，纵径为 6.70 厘米，横径为 6.60 厘米，侧径为 6.60 厘米。平均单果重 133 克，最大果重 154 克。果顶圆，缝合线浅，两侧对称，果形整齐。果皮底色为黄白色，无绒毛，果面近全面着玫瑰红色晕，不易剥离。果肉白色，肉质细，为硬溶质；味甜。离核。含可溶性固形物 10.0%。在北京地区，7 月中下旬成熟。丰产。

该品种为中熟甜油桃新品种，树势强。采收后应加强夏剪，控制旺长，改善树冠内通风透光条件，促进花芽分化。

(十一)瑞光 28 号

为北京市农林科学院林业果树研究所用丽格兰特 × 瑞光 2 号(京玉 × NJN76)杂交育成。于 1990 年杂交，1994 年初选，初选号为 90－8－26。1997 年命名。中熟甜油桃新品系。

果实近圆形，平均单果重 220 克，最大果重 350 克。果顶圆，缝合线浅，两侧对称。果皮底色黄色，无绒毛，不裂果，果面全面着深红色晕，不易剥离。果肉黄色，肉质细韧，为硬溶质，耐贮运，味甜。粘核。含可溶性固形物10.0%以上。品质上等。较丰产。在北京地区,果实于8月上旬成熟。

(十二)五 月 火

原名MayFair,系美国农业部加利福尼亚园艺实验站1976年由胚培养育成的极早熟油桃品种。

果实近圆形,纵径为5.15厘米,横径5.00厘米,侧径为4.85厘米。平均单果重70克,最大果重110克。果顶微凸,缝合线浅,两侧对称。果皮黄色,全面着紫红色晕,光滑无毛,美观,皮较薄,韧性中等,难剥离。果肉黄色,近核处无红色,肉质较软,纤维和汁液中等,为软溶质;风味浓,酸甜适中,有香气。粘核,核小。含可溶性固形物8%~12%,可溶性糖6.56%,可滴定酸0.72%,维生素C含量为14.08毫克/100克。

树势生长中等,树冠较大,四年生树高2.5米,冠幅为4米,干周25厘米,萌芽力、发枝力均强。各类果枝均能结果。花芽起始节位为第二至第四节,复花芽多,坐果率为20%,四年生树株产桃果25千克。需冷量为750小时。在郑州地区,2月中旬叶芽萌动,4月中旬枝条生长。4月初始花并盛花,4月上旬末花,花期持续3天。6月上旬果实采收,果实发育期约60~65天,比春蕾品种的晚5~7天。11月上旬开始落叶,中旬落叶终止。生育期约257天。

树姿半开张,长果枝节间长2.4厘米。花芽较小。叶宽披针形,长15.44厘米,宽3.23厘米。蜜腺1~4个,圆形。花为蔷薇形,较小,红色,雌蕊与雄蕊等高,花粉能育,量多。

该品种果实圆整,美观,风味浓,成熟极早,可避开桃蛀螟的危害,裂果极少,丰产性好,可适地、适量发展,亦可用做杂交亲本材料。

(十三)早红2号

原名EarlyRed2,别名ER2,于1985年由新西兰引入。原产地和亲本不详。在河南、辽宁、湖北、甘肃、陕西、浙江、江苏和安徽等地有栽培,表现良好。

果实圆形,纵径为 5.98 厘米,横径为 6.08 厘米,侧径为 5.88 厘米。平均单果重 129 克,最大果重 180 克。果顶凹入,缝合线中等深,两侧对称。果皮底色橙黄,全面着紫红色晕,光滑无毛,外观美,皮中等厚,韧性强,难剥离。果肉橙黄色,近核处少有红色,肉质硬而脆,纤维和汁液中等,为硬溶质;风味酸甜适中,有香气。离核,核中等大,干核重 5 克。含可溶性固形物 9%~13%,可溶性糖 8.12%,可滴定酸 0.82%,维生素 C 含量为 9.33 毫克/100 克。

树势生长健壮,树冠大,六年生树高 3.0 米,冠幅为 4.5 米,干周为 45 厘米,萌芽力、发枝力均强。各类果枝均能结果。花芽起始节位为第三至第四节,复花芽多。坐果率为 30.4%。六年生树株产桃果 50 千克。需冷量为 750 小时。在郑州地区,2 月中旬叶芽萌动,4 月中旬枝条生长。3 月底始花,比一般品种早 2~3 天,4 月初盛花,4 月上旬末花,花期持续 4 天。7 月上旬果实采收,果实发育期约 92 天。11 月中旬开始落叶,11 月下旬落叶终止。生育期约 257 天。

树姿半开张,长果枝节间长 2.9 厘米。叶宽披针形,长 17.0 厘米,宽 4.5 厘米,叶柄长 0.87 厘米;蜜腺 1~4 个,肾形。花为蔷薇形,粉红色,雌蕊比雄蕊高,花粉能育,量多。

该品种果实大,圆整,外观美,丰产性好,风味浓,基本无裂果现象,可适量发展。在栽培管理上,应注意疏花疏果,提高果实质量。在冬季修剪时,要注意枝组预备枝的选留,以保证丰产、稳产。亦可用作杂交亲本材料。

(十四)新泽西州 76 号

原名 NJN76,系美国品种,亲本不详。于 1980 年引入我国,在河南、北京、河北、甘肃、陕西和安徽等地有种植。

果实椭圆形,纵径为 6.25 厘米,横径为 6.01 厘米,侧径为

5.95 厘米。平均单果重 121 克,最大果重 217 克。果顶圆平,缝合线中深,两侧对称。果皮橙黄色,光滑无毛,果面着红色晕,皮厚,韧性强,不能剥离。果肉橙黄色,近核处无红色,肉质细韧,纤维少,汁液中等,为不溶质;风味酸甜适中,香气淡。粘核,核中等大,核干重 3.45 克。含可溶性固形物 9% ~ 14%,可溶性糖 9.00%,可滴定酸 0.54%,维生素 C 含量为 13.20 毫克/100 克。裂果较少。

树势生长强健,树冠大。六年生树高 3.0 米,冠幅为 5.0 米,干周为 48 厘米,萌芽力、发枝力均强。以中短果枝结果为主。花芽起始节位为第四至第五节。坐果率为 23.25%。二年生树即可结果,六年生树株产果 19.66 千克,盛果期每 667 平方米产量可达 1 500 千克以上。在郑州地区,2 月中旬叶芽萌动,4 月中旬枝条生长。4 月初始花,并盛花,4 月上旬末花,花期持续 3 天。6 月底果实采收,果实发育期约 86 天。11 月中旬开始落叶,11 月下旬落叶终止。生育期约 270 天。在北京地区,3 月底 4 月初叶芽萌动,4 月中旬盛花,4 月下旬末花。果实 7 月中旬采收,果实发育期约 77 天。10 月下旬大量落叶。

树姿半开张,一年生枝绿色,阳面红褐色。二年生枝灰褐色,长果枝节间长 2.17 厘米。叶长椭圆披针形,长 15.85 厘米,宽 4.42 厘米,叶柄长 1.0 厘米,叶面曲波状;蜜腺 1 ~ 4 个,肾形。花为铃形,较小,红色,但不鲜艳,雌蕊比雄蕊高,双柱头较多。花粉能育,量多。

该品种果实大,外观美,肉质韧,耐运性强,风味尚可,可适量种植。但生长势强,对幼树应注意开张角度,适当轻剪,并可通过激素控制,以缓和树势,提早结果。

(十五)幻　想

原名 Fantasia,系美国农业部加利福尼亚园艺试验站,于 1961 年用 Gold King × Red King,杂交培育而成的中熟油桃品种。1980 年引入我国,在北京和河南等地有种植。

果实圆形，纵径为6.48厘米，横径为6.46厘米，侧径为6.36厘米。平均单果重130克，最大果重180克。果顶圆平，缝合线浅，两侧对称。果皮黄色，全面着紫红色晕，光滑无毛，非常美观，皮厚，韧性强，易剥离。果肉橙黄色，近核处少有红色，肉质较粗，稍硬，纤维和汁液中等，为硬溶质；充分成熟后酸甜适中，香气淡。离核，核大，干重6.58克。含可溶性固形物10%～12%，可溶性糖9%，可滴定酸0.87%，维生素C含量为11.88毫克/100克。

树势生长旺盛，树冠较大，六年生树高3.10米，冠幅为4.15米，干周为38.2厘米，萌芽力、发枝力均强。以中短果枝结果为主。花芽起始节位为第三至第四节。坐果率低，为8.92%。产量中等偏低，六年生树株产果20千克，需冷量为900小时。在郑州地区，2月中旬叶芽萌动，4月中旬枝条生长。4月初始花，并盛花，4月上旬末花，花期持续4天。8月上旬果实采收。果实发育期约122天。10月底开始落叶，11月中旬落叶终止。生育期约270天。

树姿半开张，长果枝节间长2.18厘米。叶长椭圆披针形，长15.38厘米，宽4.11厘米，叶柄长1.09厘米；蜜腺1～4个，肾形。花为蔷薇形，粉红色，雌蕊与雄蕊等高，花粉能育，量多。

该品种果实大，外观美，耐贮运。但风味偏酸，产量低，可作为杂交亲本材料。

（十六）丽格兰特

原名Legrand，原产于美国，亲本为J.H.Hale与Quetta。于1976年从保加利亚引入北京，引种栽培的有山东、河北、甘肃、宁夏和河南等地。

果实椭圆形，纵径为6.44厘米，横径为6.23厘米，侧径为5.76厘米。平均单果重130.4克，最大果重205克。果顶圆，缝合线较浅，两侧对称或稍不对称，果形整齐。果皮底色黄色，全面具紫红色晕，无绒毛，熟果可剥离。果肉黄色，近核处红色，纤维粗少，汁液少，肉质脆，为硬溶质，风味甜酸。离核，鲜核重 9.11 克，纵径为 4.01 厘米，横径为 2.69 厘米，侧径为 2.09 厘米。仁甜，可食。含可溶性固形物 11.0%，可溶性糖 6.55%，可滴定酸 1.33%，维生素 C 含量为 8.0 毫克/100 克。

树势中等。新梢年生长量为 60 厘米左右。以中长果枝结果为主。花芽起始节位稍高，以复花芽为主。丰产性好，二年生树即可结果，盛果期每 667 平方米产量可达 2 000 千克以上。需冷量，花芽为 800 小时，叶芽为 850 小时。在北京地区，3 月底至 4 月上旬叶芽萌动，4 月底至 5 月上旬新梢开始生长。3 月底至 4 月上旬花芽膨大，4 月中旬始花，4 月中下旬盛花，4 月底末花，花期为 10 天左右。果实于 8 月中旬采收，其发育期约 110 天。10 月下旬至 11 月上旬落叶。年生育期为 208 天左右。在郑州地区，4 月初盛花，8 月初果实采收，果实发育期约 120 天。

树姿较直立。花为蔷薇形，雌雄蕊等高，花粉量中等。

该品种果大美观，肉质硬脆，耐贮运，风味较好，仁可食，裂果少，较丰产，是一个良好的晚熟油桃品种。可在我国西北、华北部分地区发展。因果枝较细弱，应适当留预备枝。修剪时要注意回缩。后期要增施肥料。

四、蟠桃优良品种介绍

(一)早露蟠桃

系北京市农林科学院林业果树研究所，于 1973 年用撒花红蟠桃×早香玉育成的特早熟品种，1989 年定名。

果实扁平形，平均单果重 103 克，最大果重 140 克。果顶凹入，缝合线浅，果皮黄白色，具玫瑰红晕。绒毛中等。果肉乳白色，近核有红色，柔软多汁，味甜，有香气。可溶性固形物含量为9%～11%。粘核，裂核少。

树势中庸，树姿较开张。花芽起始节位低，复花芽多，各类果枝均能结果。在北京地区,6月中旬采收果实,果实发育期为60~65天。

该品种为品质优良的特早熟蟠桃,丰产性好。温室栽培表现良好,经济价值高。

栽培要点:果实发育期短,应在落花后增施磷、钾肥,以保证果实发育。着果率高,应注意及早疏果,合理留果。否则,果个会偏小。

(二)瑞蟠8号

系北京市农林科学院林业果树研究所,于1990年用大久保×陈圃蟠桃育成的早熟品系,1997年定名。

果实扁平形,果顶凹入,缝合线浅,平均单果重125克,最大果重180克。果皮黄白色,具玫瑰红晕。绒毛中等。果肉白色,风味甜,有香气。可溶性固形物含量为10%~11.5%。粘核。

树势中庸,树姿半开张。花芽起始节位低,复花芽多,各类果枝均能结果,丰产性好。在北京地区,果实在6月底采收,其发育期为75天。

该品种果实发育期短,栽培中应在落花后增施磷、钾肥,以保证果实发育。坐果率高,应注意合理疏果。可用于温室栽培。

(三)瑞蟠2号

系北京市农林科学院林业果树研究所,于1985年以晚熟大蟠桃×扬州124育成的早熟白肉蟠桃,1994年命名。

果实扁平形,果顶稍凹入,不裂顶。果形平整,果个均匀。平均单果重150克,最大果重220克。果皮黄白色,果面1/2着玫瑰红色晕。果肉白色,硬溶质,风味甜,粘核。可溶性固形物含量为8.5%~13.0%,含可溶性糖9.67%,可滴定酸0.37%,维生素C含量为19.04毫克/100克。在北京地区,果实于7月中旬成熟,其发育期为90天。

树势中等,树姿半开张。花芽起始节位为第一至第二节。各种类型一年生枝均能结果。蔷薇形花,花粉多。丰产性强。

该品种果个较大,风味甜,颜色红,美观,丰产,品质优良,食用方便,商品价值高。留果过多时,果个变小,树势易衰,要注意加以防止。

栽培中,要加强早期和果实成熟前的肥水供应,秋季增施有机肥。要及时疏果,疏果时尽量不留朝上果。坐果率高,应按叶果比50:1合理留果,在土壤贫瘠或肥水不足地区,可适当增加留果比例。要加强夏季修剪,改善通风透光条件,促进果实着色。

(四)瑞蟠3号

系北京市农林科学院林业果树研究所,于1985年以大久保×陈圃蟠桃育成的中熟白肉蟠桃,1994年命名。

果实扁平形,果顶凹入。平均单果重200克,最大果重280克。果皮黄白色,果面1/2以上着红晕和斑。果肉白色,硬溶质,风味甜。粘核。有轻微裂顶。可溶性固形物含量为10.0%~12.0%,含可溶性糖9.57%,可滴定酸0.38%,维生素C含量为20.40毫克/100克。在北京地区,果实于7月中旬成熟,其发育期为105天。蔷薇形花,花粉多。

树势较强,树姿半开张。花芽起始节位为第一节至第二节。一年生枝均能结果,丰产性强。

该品种果个大,风味甜,颜色红,美观,丰产,品质优良,食用方便。商品价值高。有轻微裂顶现象。留果过多时,树势易衰。成熟度高时采收,果柄处皮易撕开。

栽培中要按叶果比50:1合理疏果。土壤贫瘠或肥水不足地区,可适当增加留果比例。疏果时,要尽量不留朝天果。要加强夏季修剪,改善通风透光条件,促进果实着色。

(五)瑞蟠4号

系北京市农林科学院林业果树研究所,于1985年以晚熟大蟠桃×扬州124育成的晚熟白肉蟠桃品种,1994年命名。

果实扁平形,果顶凹入。平均单果重221克,大果重350克。果皮底色淡绿,完熟时黄白色,果面1/2深红色或暗红晕。果肉为硬溶质,风味甜。粘核。可溶性固形物含量为8.5%~13.0%,含可溶性糖9.67%,可滴定酸0.37%,维生素C含量为19.04毫克/100克。在北京地区,果实于8月底成熟,其发育期为134天。蔷薇形花,花粉多。

树势中等,树姿半开张。花芽起始节位为第一节至第二节。各种类型一年生枝均能结果,徒长性果枝坐果良好,丰产性强。

该品种晚熟,果个较大,风味甜,颜色红,美观,丰产,品质优良,食用方便。商品价值高。留果过多时,果个变小,树势易衰。

栽培中要加强早期和果实成熟前的肥水供应,秋季增施有机肥;及时疏果,疏果时尽量不留朝上果;按叶果比50:1合理疏果,土壤贫瘠或肥水不足地区可适当增加留果比例。加强夏季修剪,改善通风透光条件,促进果实着色。幼树期可利用徒长性果枝坐果。

(六)碧霞蟠桃

系北京市平谷县刘店乡桃园于1964年发现的一棵优株。1992年定名。

果实扁平形。平均单果重99.5克,最大果重170克。果顶凹,缝合线浅,两半部较对称。绒毛多。果皮绿白色,具红色晕,不易剥离。果肉绿白色,近核处红,肉质致密有韧性,汁液中等,味甜,有香气。可溶性固形物含量为15%。粘核。在北京地区果实于9月下旬成熟。

树势强,树姿半开张。花芽起始节位低,复花芽与单花芽比例为1:1。抗冻力强。

(七)新红早蟠桃

原代号76-2-12。系陕西省果树研究所,于1976年用撒花红与新瑞阳杂交,选育出的特早熟蟠桃品种,1988年定名。现栽培分布在陕西和甘肃等地。

果实为不规则扁平形。平均单果重86克,最大果重132克。果皮浅绿白色,果顶有鲜红色晕,易剥离。果肉乳白色,近核处与肉同色,阳面渗有微红,肉质柔软,汁液多,味甜酸适中,有香气。含可溶性固形物9.5%~13.5%。半离核。

在陕西地区,3月中旬芽萌动,4月上旬开花,花期5~7天,果实6月中旬成熟,果实发育期70天。树势强健,一年生枝红褐色,有光泽,萌芽力、发枝力强,单、复花芽混生,复花芽占84%,花芽起始节位较低,丰产性好。

树姿开张,花为蔷薇形,花粉量多,自花结实率高。

该品种为特早熟蟠桃品种,品质好,美观,丰产。

栽培时,要注意疏果及施用花后肥。干旱时果实膨大期要灌水。

五、黄肉桃优良品种介绍

(一)郑黄2号

原代号为1-9-5。系中国农业科学院郑州果树研究所,于1977年用罐桃5号与丰黄杂交,所选育出的早熟加工桃新品种,1989年定名。现主要在河南、山东、安徽、四川和江苏等地栽培。

果实近圆形,果顶圆。顶点具小尖,缝合线浅,两半较对称。平均单果重123克。果皮黄色,具红晕。果肉橙黄色,近核处无红色,肉质为不溶质,细韧,汁液中等。含可溶性固形物9%~10%,味酸甜适中。粘核。

罐藏吨耗率为1:1.18。成品块形完整。质地细韧,色泽橙黄,甜酸适中,有香气。

在郑州地区,3月中旬叶芽膨大。4月初始花,4月3~10日盛花。6月底果实成熟,果实发育期为80天左右。11月上旬落叶。树势强健,短果枝比例较大。复花芽与单花芽几近相等。结果良好,丰产。

树姿较开张,叶长卵圆披针形。花为蔷薇形,无花粉。

该品种为早熟罐藏黄桃品种,加工性优良,品质好。

栽培中要注意,因其没有花粉,故栽植时要配置授粉树或进行人工授粉。果实成熟早,着果率高,应适当疏果,追施花后肥,以提高加工果的合格率。

(二)佛雷德里克

系美国新泽西州育成的优系,经法国国立农业科学院波尔多试验站选出的优良单株,并定名。1981年引入北京。现栽培分布在北京、河北、山东、安徽、江苏和浙江等地。

果实近圆形。平均单果重136.2克,最大果重203.6克。果顶圆平,微凹,缝合线浅,两半较对称,果形整齐。果皮橙黄色,果面1/4具红色晕,绒毛较厚,不能剥离。果肉橙黄色,近核与肉同色,肉质为不溶质,细韧,汁液中等,纤维少,味甜酸适中。含可溶性固形物10.2%。粘核。

罐藏加工吨耗为1:0.918。加工适应性优良,成品色泽橙黄,有光泽,块形整齐。核窝圆小美观,质地柔软、细密,味甜酸适口,有香气。

在北京地区,3月底至4月上旬,叶芽萌动。4月中旬始花,4月中下旬盛花,果实成熟在8月上旬,果实发育期105天,落叶在10月下旬至11月初。树势强健,树冠大,新梢生长旺,以长、中果枝结果为主。复花芽多,花芽起始节位低。抗冻力强,坐果率较高,生理落果少,丰产性好。

树姿开张,一年生枝绿色,背部红色,二年生枝灰褐色。叶长椭圆披针形,叶面平展。叶色绿中带黄。花为蔷薇形,花粉多,雌雄蕊等高。

该品种为中熟罐藏鲜食兼用品种,果实圆整美观,肉质细韧,无红色,加工适应性优良,成品色香味俱佳。鲜食风味也较浓。

树生长旺，幼树要开张角度，长放辅养枝，使其着果缓和树势。着果率极高，必须加强疏花疏果，否则果个偏小，降低价值。

(三)燕 丰

原代号2－8－13。系北京市农林科学院林业果树研究所，于1976年用丰黄与罐桃14号杂交，所选育出的中熟新品种，1989年定名。现栽培分布在北京、山东、河北、四川、安徽和湖北等地。

果实卵圆形。平均单果重142.5克，最大果重186.5克。果顶圆，缝合线浅，两半较对称，果形整齐。果皮黄色，具红色斑晕，绒毛中等，不能剥离。果肉黄色，近核处微红，肉质为不溶质，细韧，纤维少，汁液中等，味酸多甜少，含可溶性固形物10.0%。粘核。

罐藏加工吨耗为1∶1.094。加工适应性优良，成品块形完整，色泽金黄，有光泽，质地细软，味甜酸适口，有香气。

在北京地区，3月底至4月上旬叶芽萌动，4月上旬花芽膨大，中旬始花，中下旬盛花。果实成熟在8月上旬，果实发育期为110天。10月下旬至11月初落叶。树势中等。以中长果枝结果为主。复花芽多，花芽起始节位低。抗冻力强。生理落果少，丰产。

树姿半开张，一年生枝绿色，背部红褐色，二年生枝灰褐色。叶椭圆披针形，绿中带黄色，叶面平展。花为铃形，花粉多，雌雄蕊等高。

该品种为中熟罐桃品种，加工适应性优良，成品品质好。

栽培要点：因其幼树为中长果枝结果，故修剪时应适当长留。盛果期后，要注意更新果枝。加工采收适期为八成熟。九成熟以上缝合线处肉色出现红色素。

(四)金童5号

原代号为NJC83。系美国新泽西州农业试验站，于1951年用P135201与NJ169杂交选育出的中熟新品种，1974年引入北京。现栽培分布在北京、山东、河北、河南、安徽、四川和辽宁等地。

果实近圆形。平均单果重158.3克,最大果重265.0克。果顶圆或有小突尖,缝合线浅,两半较对称,果形整齐。果皮黄色,果面1/3~1/2具深红色晕,绒毛中等,不能剥离。果肉橙黄色,近核处微红,肉质为不溶质,细韧,汁液中等,纤维少,味甜酸。含可溶性固形物9.9%。粘核。

罐藏加工吨耗为1:0.87,加工适应性优良,成品块形整齐,色泽橙黄,有光泽。肉质细而柔韧,甜酸适中,有香气。

在北京地区,3月底至4月初叶芽萌动,4月中旬始花,中下旬盛花。果实成熟在8月上中旬,果实发育期为110天。落叶期在10月下旬至11月初,树势中等,以中长果枝结果为主。复花芽多,花芽起始节位低。丰产性能好。

树姿稍开张,一年生枝绿色,背部红褐色,二年生枝褐色。花为铃形,花粉多,雌蕊稍高于雄蕊。

该品种为中熟罐桃品种,加工适应性优良,成品品质好。

在栽培中,因其生理落果少,丰产性好,故应适当疏果和增施肥料,以提高果实质量,防止树体早衰。

(五)金　旭

原代号为77-13-12。系江苏省农业科学院园艺研究所,于1977年用罐桃5号与丰黄杂交,所选育出的早熟新品种。1988年定名。现主要栽培分布在江苏、安徽、湖北和山东等地。

果实圆至长圆形。平均单果重134克,最大果重210克。果皮黄色。果肉金黄色,近核处无红色或稍有红丝,为不溶质,细韧,汁液中等,味甜酸适中,含可溶性固形物10%左右。粘核。

罐藏加工吨耗为1:1.066。加工适应性良好,成品块形完整,色泽金黄,质地细软。味甜酸适口,有香气。

在南京地区,3月中下旬萌芽,4月上中旬开花,7月上旬果实成熟,果实发育期为95天左右。11月中下旬落叶。树势强健,萌芽力与成枝力均较强。各类果枝均能结果,幼树以长、中果枝结果为主,复花芽多,花芽起始节位低,花量多,丰产较好。

树姿较开张。叶宽披针形,较大,叶面稍有皱褶。花为蔷薇形,花粉量多,雌蕊稍高于雄蕊。

该品种为早熟罐桃品种,加工适应性优良,品质好。花期较晚,可避晚霜危害。

在栽培中,因幼树生长旺盛,故应开张角度,缓和树势。应当疏果,以提高加工合格率。

(六)金　丰

原代号为63-9-6,或Ⅷ区1—6。系江苏省农业科学院园艺研究所,于1963年用西洋黄肉与菲力浦杂交选育出的新品种。1974年定名。主要栽培分布在江苏、安徽和湖北等地,浙江、上海、河南、北京和天津也有栽培。

果实广椭圆形。平均单果重173克。果顶圆,缝合线两端深,中部浅而宽,两半较对称。果皮金黄色,少有红晕,绒毛少而短,不能剥离。果肉金黄至橙黄色,腹部皮下及近核处有少量红晕。肉质紧密,有韧性,味甜带微酸。含可溶性固形物9%~12.1%。粘核。

罐藏吨耗率为1:1.12~1.42。耐煮性稍差,加工时要掌握预煮时间。成品块形完整,肉质细密,色泽橙黄,有光泽。甜酸适中,有香气。

在南京地区,3月下旬萌芽,3月底至4月上旬始花,并于4月上旬盛花。果实成熟在8月中下旬,11月中旬落叶。树势偏强,萌芽力与成枝力均强,以长、中果枝结果为主,复花芽多,花芽起始节位低,丰产性好。

树姿半开张,一年生枝红色,叶面平展。花为铃形,花粉量多,雌雄蕊等高。

该品种为晚熟罐藏品种,可延长加工季节,加工性能尚好。

在栽培中,因幼树生长旺,要注意开张角度。采收应在八成熟时进行，过早或过迟都不利于加工。

(七)燕　黄

原代号为北京23号。系北京市农林科学院林业果树研究所用冈山白与兴津油桃为亲本，进行杂交所选育出的新品种。1961年杂交，1983年定名。主要栽培在北京、四川和山东等地。

果实近圆形。平均单果重187克，最大果重285克。果顶圆或有小尖，缝合线浅，两半较对称。果皮淡橙黄色，具暗红色晕，占果面1/2左右，绒毛中等，不易剥离。果肉黄色，近核处红色，肉质为硬溶质，质密而有韧性，味甜，有香气，含可溶性固形物9%～12%。粘核。

罐藏加工吨耗率为1∶0.91。成品块形完整，色泽橙黄，有光泽，肉质柔韧。甜酸适度，有香气。

在北京地区，3月底至4月上旬叶芽萌动，4月底至5月初新梢开始生长，5月下旬萌发副梢。4月上旬花芽膨大，中旬始花，中下旬盛花。果实于8月底采收，果实发育期为130天。10月下旬至11月上旬落叶。树势中等，幼树以中、长果枝结果为主，盛果期短果枝比例增加。复花芽多，花芽起始节位低，丰产性好，抗冻力强。

树姿半开张，一年生枝绿色，背部褐色。叶片长椭圆形，稍有皱褶。花为铃形，花粉量多，雌雄蕊等高。

该品种为晚熟鲜食加工兼用黄桃品种，丰产性好。为四川潼南桃罐藏生产基地主栽品种。

在栽培中，因其进入盛期后着果率高，树势明显减弱，故应注意疏果和增施肥料，以维持树势，延长结果期。

(八)金童8号

原名Baby Gold8，系美国新泽西州育成的晚熟加工品种。于1974年引入北京。现栽培分布在北京、山东、河北和河南等地。

果实短椭圆形。平均单果重194.3克，最大果重276.0克。果顶圆，微凹，缝合线浅，两侧较对称，果形整齐。果皮橙黄色，不能剥离，果面着红色 1/2 以下，绒毛中等，果肉橙黄色，近核处微红。肉质细韧，汁液中等，纤维少，为不溶质；风味酸多甜少，有香气。含可溶性固形物 9.0%～11.0%。粘核。

在北京地区，4 月上旬叶芽萌动，始花期在 4 月中旬，盛花期在 4 月中下旬，末花期在 4 月末。4 月下旬至 5 月上旬新梢开始生长，5 月下旬萌发副梢。果实成熟在 9 月上旬，果实发育期 140 天。落叶期在 10 月下旬。树势强健，以中长果枝结果为主，复花芽多，花芽起始节位高。丰产性能好。

树姿较直立，一年生枝绿色，背部红褐色，二年生枝灰褐色。花为铃形，花粉多，雌雄蕊等高。该品种为优良的晚熟加工品种，加工适应性好。

在栽培中，因树较直立，故幼龄期须注意拉枝，开张主枝角度；因结果多，故要疏果，否则果实会变小。

（九）菊　黄

原代号为 22－8。系大连市农业科学研究所于 1974 年，用早生黄金与菲力浦进行杂交，所育成的晚熟新品种，1989 年定名。现主要分布在辽南地区，其它省、市有引种栽培。

果实近圆形。平均单果重 198 克，最大果重 223 克。果顶圆，缝合线中深，两半对称。果皮橙黄色，具红晕，绒毛少，不能剥离。果肉橙黄色，近核处微红。肉质为不溶质，细韧，味甜酸，稍有香气，含可溶性固形物 10.7%。粘核。

罐藏适应性好，成品块形整齐。橙黄色，有光泽，质地柔软细腻，酸甜适中，有香气。

在大连地区，4 月下旬始花，4 月末至 5 月初盛花。果实在 9 月上旬成熟。树势强健，发枝力强。以复花芽为主。以中、短果枝结果为主。丰产。

树姿开张，叶片披针形，叶面平展。花为铃形，花粉多。

该品种中，为晚熟罐藏品种，加工适应性好，成品外观、色泽、风味均佳。

栽培中,因着果率高,故应注意疏果。因树姿开张,故结果后应注意抬高角度,以防树势减弱。

(十)桂 黄

原代号为22-6。系大连市农业科学研究所于1974年,用早生黄金与菲力浦杂交,所选育的新品种,1989年定名。主要栽培在辽南地区和山东 四川等地。

果实近圆形。平均单果重178.9克,最大果重206.7克。果顶圆,缝合线浅。果皮橙黄色,阳面有深色晕,绒毛少,不能剥离。果肉橙黄色,近核无红色。肉质为不溶质,细韧,汁液中等,味甜酸,有香气,含可溶性固形物9.7%~10.7%。粘核。

在大连地区,4月下旬始花,4月末至5月初盛花。8月中下旬果实成熟。树势强健,各类果枝均能结果。花芽起始节位低,复花芽多。结果期早,丰产性好。

树姿半开张。花为铃形,花粉量多。

该品种为晚熟罐藏品种,加工性能良好,利用率高,成品质量好。

栽培要点:因其着果率高,应加强疏花疏果。因其晚熟,应注意后期的水肥管理,确保固有果形、产量与质量。

第二节 种苗繁育

一、所用砧木

我国普遍应用的砧木是山桃和毛桃。

(一)山 桃

耐寒力和耐旱力均强,主根发达。嫁接亲和力较强,成活率高,生长健壮。但不耐湿,在地下水位高的黏重土壤上生长不良,易发生根瘤病、颈腐病和黄叶。在北方桃产区应用广泛。在南方不适宜。

(二)毛　桃

耐湿力强,适于我国南方温暖多湿的气候。根系发达,须根多,嫁接亲和力强,成活率高,结果早。在黏重和通透性差的土壤上易罹流胶病。近年来,由于耕作条件的改善,北方一些地区也有应用毛桃作砧木的。

(三)毛模桃

作为矮化砧,加拿大应用得较早。20世纪70年代后期,我国大连、江苏、浙江、北京和上海等地的农科院所进行试验,认为毛模桃矮化作用明显,与桃亲和力较强,结果早,但不耐湿。在浙江用作中间砧,同样有矮化作用。目前的毛模桃,都是实生后代,性状变异较大,在不同地区反应不同。如在陕西嫁接的黄桃,发现第四年不亲和,在镇江发现它亲和力低,在浙江发现它有早衰现象等,故尚需进一步研究。

其它尚有扁桃、李、寿星桃、欧李、砂樱桃和榆叶梅,以及引入的西伯利亚C、F305、F677与筑波6号等砧木品种,均有应用。

二、砧木苗的培育

桃的砧木苗,主要是通过播种实生繁育获得,有少数地区采用根接,也有的采用插条等进行繁育。如GF677只有通过营养繁殖,才能保持砧木的品种特性。砧木苗的培育方法如下:

(一)实生苗的繁育

1. 苗圃准备　苗圃地要求地面平整,排水良好的砂质壤土,最好是不重茬。因为连续繁育桃苗,常会有根癌病、线虫及其它病虫害发生。播种前,先行整地做畦,畦宽1.2米,长10米左右,也有行条播的。一般行距40~50厘米。整地前,每公顷施入10~15吨圈肥。

2. 种子采集与处理 作为采种的植株，应生长强健，无病虫害，果实要充分成熟。果实采下后，可以采取加工取核，食用取核和腐烂取核的方式取核。对取出的核，应洗净果肉，放于通风阴凉处干燥。干后收藏在冷凉的地方，以防发霉。加工或腐烂取核时，要避免45℃以上的高温，以免种子失去发芽力。若采用秋播，可在冻土前进行播种。若在第二年春播，则必须进行种子沙藏处理。

沙藏处理的方法是：沙藏的时期，依砧木种所需低温的天数而定。山桃和毛桃大约为90天。一般是10月下旬地冻前进行（华北）。沙藏前，先将种子浸水7天左右。沙藏的适宜温度为5℃～10℃，湿度为40%～50%。沙藏的地点应选在背阴、干燥、通风、不积水的地方。挖沙藏沟，沟宽1～1.5米，沟深60～90厘米，沟长依种子多少而定。种子与沙的比例大约为1:5～7。沟底先放一层沙子，然后一层种子一层湿沙地将种子分层放入沟中，直至种子放完。最后，在种子上放一层约60厘米厚的湿沙。如果沙藏沟较长时，则应隔一定距离埋放一个草把，通出地面，草把与种子同时埋入，以利于通气。最上一层沙的厚度，北方要达到冻土层的厚度，南方可浅些。早春土壤解冻后，应即检查种子。若临近播种期种子尚未萌动，则应将种子挖出，置于温暖处催芽，待种子萌动后立即播种。

3. 播种 一般采用宽行带状，即每畦种四行，每两行为一带，带间相距50厘米，带内行距20厘米。进行条状开沟点播，株距5～10厘米，播后覆土深约5厘米厚。每公顷用种子量为187～225千克。若有地下害虫，播种前则应施放毒饵，予以诱杀。

4. 幼苗管理 播种后7天左右，幼苗即可出土。在北方地区，此时应注意墒情变化，及时灌水。灌水后，要松土保墒。在南方地区，早春雨水多时，应及时排水。在苗木生长过程中，应根据其生长情况追肥，大约每公顷追施硫酸铵100～200千克，施后灌水，松土，保证苗木正常生长。砧苗粗度达到0.6～0.8厘米时即可嫁接。嫁接前,还要及时剪除基部的根蘖,去除行间杂草。

(二)营养繁殖

营养繁殖包括组织培养和扦插育苗两种方式。

通过组织培养获得砧木苗,这已在部分国家用于生产。法国在20世纪80年代,已将GF667的组培苗,大量应用在生产上。

扦插包括硬枝扦插和嫩枝扦插两种。插床基质用细河沙和草炭土等排水性良好疏松物质即可。硬插繁殖,生根的关键因素是插床基质的温度要高于气温。嫩枝扦插,关键在于对空气湿度和土壤湿度的控制。一般采用间歇喷雾设备,白天每隔90秒钟喷雾6秒钟,晚上关闭。这样做,可以降低气温和减少蒸腾,有利于生根。

三、嫁　接

(一)接穗的采集与保存

根据预先确定的品种,在品种采穗圃内选择生长健壮、结果良好、果品质优的单株,剪取树冠外围生长充实、无病虫危害的长果枝,或徒长性长果枝,用以作接穗。剪下后,摘除其叶片,保留叶柄,按品种分捆、挂好标签,注明品种和剪穗时间,置于冷凉湿润的地方待接。若为异地采穗,需要贮运,则应用潮湿的地衣或锯末予以填充,并包装于保湿的容器或塑料布中。在运输工具上,要将其置于阴凉通风处,以防升温变质。若是在与苗圃地邻近的采穗圃采集接穗,则可随采随接。但是,也要用湿布把接穗包好,以免失水干燥,影响嫁接成活率。如果在落叶后的冬季采穗,因枝条处于休眠状态,则只要按夏剪法选好树后,剪下接穗,把接穗置于低温潮湿处,或用湿沙埋藏在低温处即可。

(二)嫁接方法与嫁接时期

桃树的嫁接方法,有芽接、枝接和根接等,应用最普遍的是芽接与枝接。嫁接时期,从早春的树液流动至休眠,均为适宜。以春季和夏季嫁接最为广泛。

1. 芽接 这是在砧木上嫁接一个芽，待其成活后剪砧发芽，生长成苗的方法。其优点是操作简便，嫁接时期长，愈合容易，节省接穗，工效高，成苗快，当年或一年生砧木即可嫁接。常用的芽接方法有"T"字形芽接和带木质部芽接两种。"T"字形芽接，在夏、秋季皮层可以剥离时进行；带木质部芽接，在春、夏、秋季砧木和接穗皮层难于剥离时进行。

(1)"T"字形芽接 先在接穗芽的上方0.3厘米左右横切一刀，深达木质部，再在芽下1厘米处向上削，刀深到木质部，削到芽上横切处，剥下盾形芽片。取芽片时，不要撕去芽内侧的维管束，否则会妨碍成活。芽片大小与砧木粗度相宜，一般宽0.6厘米左右，长1.0厘米左右。削好芽片后，在砧木距地面3～5厘米部位，选择平滑、向西北面处，准备下刀。选择此处下刀，可以避免日光直射，同时使接芽处于向风面，可避免发枝后被风吹折损伤。然后，在所选之处，横切一刀0.5～0.8厘米，深达韧皮部，再在横切口中间向下切一刀，长约1.0厘米。两次切口成"T"字形。接着，拨开砧木皮层，插入芽片，使芽片上端与"T"字一横吻合。最后，用塑料条或麻皮，在接口处自下而上地缠缚，把叶柄留在外面，完成后打一活结即可(图4-1)。也有把芽片全部缠缚的。这可防止雨水流入接口，有利于提高嫁接成活率。

(2)带木质部芽接 即在接穗上削取较大盾形芽片，芽片上带有一薄层木质部。削砧木部位同"T"字形芽接，削口为带木质部的切口，大小与芽片相当。然后把芽片插入其中，用塑料条缠缚，缠法与"T"形芽接类同(图4-2)。

(3)检查成活与解绑 芽接后7～10天，检查嫁接成活情况。一般叶柄脱落，芽色新鲜，即为成活，可以解绑。为保护芽越冬，也可不解绑。但若砧木仍然加粗生长，则应及时松绑，以免勒伤接芽，妨碍成活。

2. 枝接 一般在落叶后至第二年萌芽前进行。在生产上，常

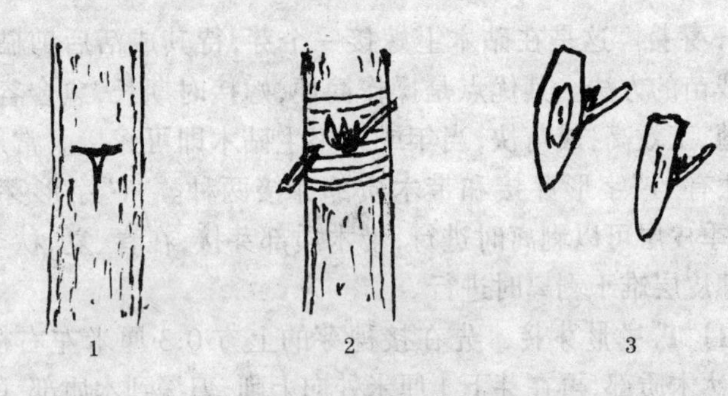

图 4-1 “T”字形芽接

1. 砧木切口 2. 绑缚 3. 芽片

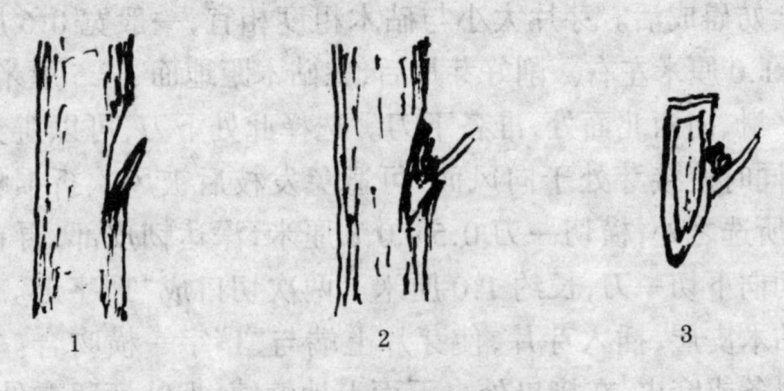

图 4-2 带木质部芽接

1. 砧木切口 2. 插入芽片 3. 芽片

为低接或高接换头时采用。低接多用切接或插皮接。

(1)切接 用一段有 2～3 个饱满芽的枝条为接穗,将接穗下部与顶端芽的反侧,先削成一个长 2～3 厘米的斜面,再在削面对侧削一短斜面。将砧木在地上根颈 5 厘米高处截断(低接),削平截口。再在砧木木质部的外缘向下直切,深度与接穗切面相当,亦长 2～3 厘米。把接穗插入砧木的切口内,使长削面向内,并使接穗与砧木两者的形成层对准,密切接合。最后,用塑料条将嫁接处绑扎严紧,再埋上湿土,以防干燥。嫁接成活后,对嫁接苗逐步撤土,使其长成壮苗(图 4-3)。

(2)插皮接 适于直径 3 厘米以上的砧木。一般在萌芽至展

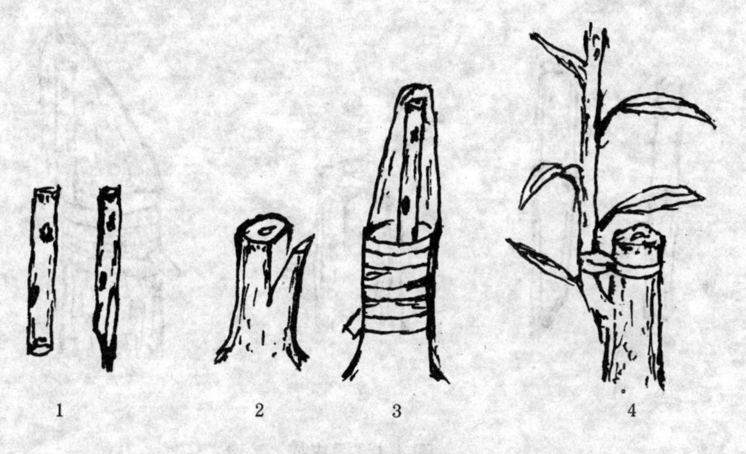

图 4-3 切 接

1. 接穗 2. 砧木切口 3. 接后绑缚 4. 绑缚幼苗

叶期进行。由于嫁接较晚,接穗应在低温下保存,不使其发芽。

嫁接时,在砧木的平滑部位截断,削平断面。将接穗截成有2～4芽的枝段,在接穗下端削一长3～5厘米的斜面。再在削面对侧,削一马蹄形短斜面。在砧木截面自上向下地把皮层划一切口,然后拨开皮层,插入接穗,使长削面紧贴木质部,再绑扎好接口(图4-4)。在粗的砧木上,可以于不同的方位,接上2～4个接穗。低接时,要埋土保湿。高接时,要套上塑料袋,内装湿锯末保湿,并在塑料袋外再裹一层报纸,以防止日晒时袋内温度过高。待发芽后,逐步撤土去袋。

四、嫁接苗的管理

芽接苗当年不萌发。为使第二年早春萌芽生长良好,北方地区需于10月下旬进行培土防寒和灌防冻水。芽接苗的管理方法如下:

(一)剪 砧

早春树液流动前,在成活芽的上方1厘米处剪去砧木。如在

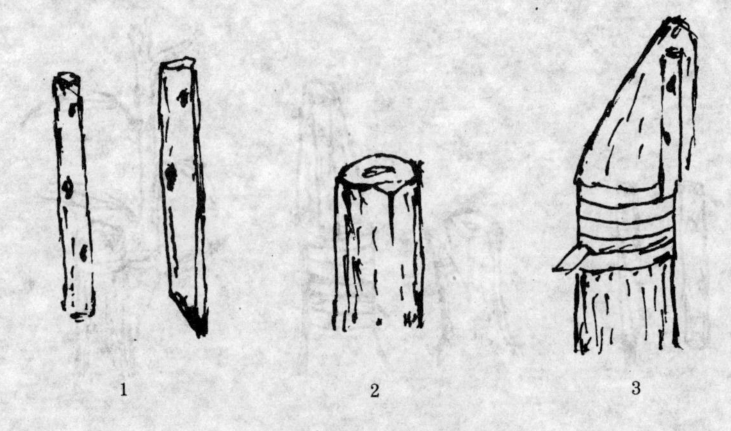

图 4-4 插皮接

1. 接穗 2. 砧木 3. 接穗绑缚

砧木萌芽后剪砧，因砧芽先萌，其顶端优势吸去一部分养分，会延迟接芽萌发。也有两次剪砧的，即第一次剪时留 10～15 厘米高，用其作绑缚固定萌发接芽的嫩梢。待 7 月份苗木木质化后，再按第一次剪砧法剪截。

若采用当年成苗快繁法，则在接芽成活后即行剪砧，以刺激芽萌发生长，使其当年成苗出圃。

(二)除 萌

砧木本身的芽比接芽萌发生长快。为避免其与接芽竞争，必须对其及时除萌。一般要进行 2～3 次。除萌务必要尽。在接芽苗长到 15～20 厘米高时，应立竿将它绑缚固定，以免新梢被折断。绑缚要用松活套，以免影响它加粗生长。

(三)肥水管理

一般在桃树嫁接苗木的生长期不进行追肥，同时也应控制灌水，以免苗木徒长。在北方地区，春季比较干旱，因此在早春需对苗木适当灌水。

锄草，是苗圃重点管理工作。如果杂草丛生，甚至草比苗高，就必然影响苗木质量。一般要进行 2～3 次。苗期虫害较多,应及时进行防治。

五、苗木出圃

苗木出圃前,应对苗木进行调查和抽查,核对苗木的品种和数量,安排苗木的假植和贮藏场地等。

(一)起苗和假植

起苗的时期,以落叶后为宜。进行秋栽的,秋季起苗;进行春栽的,可以春季起苗。如若秋季起苗,而当年又不定植的,需对苗木进行假植。假植,要选择高燥、背风,不积雨雪和运输方便的地方。假植沟深约 100 厘米,宽 100～150 厘米,长度依苗木数量和地段而定。

进行假植时,要将苗木成 45°角,头向南,根朝北,一排一层细沙地斜植在沟内。埋土厚度约 30 厘米,然后适当灌水。封冻前,要再加一层土,约埋到苗木高度的 2/3 处。在寒冷的北方地区,沟上还应覆盖草帘防冻。桃树苗木品种多时,要注意对其进行分隔和挂牌,以防错乱。

起苗时,应避免碰伤枝干,特别要保护好 45～79 厘米整形带内的芽,尽量少伤根系。苗挖出后,要剪去其伤根和根上的伤口。对干上的二次枝,要进行修整和剪截。

(二)苗木的规格及分级

桃树苗木挖出后,应根据农业部发布的无公害桃生产技术规程对桃树苗木的质量要求(表 4-1),将苗木进行分级,分别打捆、挂牌和贮放。

表 4-1　桃树苗木质量基本要求

项　目			要　求		
			二年生	一年生	芽　苗
品种与砧木			纯度≥95%		
根	侧根数量（条）	毛桃、新疆桃	≥4	≥4	≥4
		山桃、甘肃桃	≥3	≥3	≥3
	侧根粗度(cm)		≥0.3		
	侧根长度(cm)		≥15		
	病虫害		无根癌病和根结线虫病		
苗木高度(cm)			≥80	70≥	—
苗木粗度(cm)			≥0.8	≥0.5	—
茎倾斜度(°)			≤15		
枝干病虫害			无介壳虫		
整形带内饱满芽数(个)			≥6	≥5	接芽饱满不萌发

(三)苗木的包装和运输

调运外地的桃树苗木,必须先进行检疫,开具检疫证明。对于长途运输的桃树苗木,必须妥善包装,以减少其途中机械损伤和防止其根系干枯死亡。可用的包装材料,有草袋、麻袋和蒲包等。包装时,苗木根部宜用湿润的锯末、水草、地衣或保水剂等填充。如作短途运输,也可在根部蘸黄泥浆,以保持湿润。如果远程运输时间过久,中途则应对苗木适当加水保湿。

桃树苗木一包以 50～100 株为宜。捆缚时,应剪去过长的枝干,但不得低于整形要求的高度。每捆都要挂牌,注明品种、数量及产地等项内容。

第三节 开园定植

一、无公害桃生产园地的选择

依照无公害桃栽培的环境条件要求，选择空气、土壤、灌溉水质量，达到国家规定的无公害环境标准的地域，建立桃园。另外，桃树喜光、耐旱、不耐湿，果园地土壤应以砂质壤土或排水良好的砾质土为宜。微酸或微碱性土壤，均可栽培。土质黏重、排水不良和低洼的严重盐碱地，栽培桃树易于徒长，或流胶，或早衰、早亡。山地或丘陵地，以向阳坡面，坡度在15°以下者栽培为宜。低洼谷地或狭谷地带，常因阳光不足和冷空气下沉，而生长不良或遭晚霜和寒害的袭击。

二、园地的规划

桃树是多年生植物，一旦定植，则占地时间较长。建园前应对园内小区划分、道路与建筑的安排、排灌系统的修筑等，进行全面的规划。

(一)小区的划分

平原地果园，机械化程度较高的，每个小区以3.4～6.7公顷为宜。机械化程度较低或地形地貌不整齐的地区，应适当小一些。小区以长方形为有利。山地小区，以长边方向横贯坡面为宜，这有利于机械化操作和水土保持。山地可依地形修筑梯田，坡度小的可采用等高撩壕。小区的划分，依地形而定，一般以坡、沟为单位划分。坡面大的，也可分成几个小区。

(二)道路和建筑物的安排

1. 道路 为便利肥料、农药与产品的运输和机械车辆行走，必须修筑道路。桃园道路分为主干道和区间道。主干道宽5～7

米，要紧实，能通行拖拉机和运输货车等。区间道宽2~4米，既为区间分界，又是运送肥料和运出产品的通道。各区间道与主干道相通，形成交通的网络系统。

山区桃园，应按其面积和坡高设计环山的主干道。在主干道之间，依坡顺势设计田间道，使其互相联通，形成网络，便于机械和车辆的运行。

2. 建筑物 桃园的建筑物，依园地的规模而定。大致有工作人员休息室、工具间、果品分级包装间、拖拉机库和车库、药品和肥料库、配药池和化粪池等。其建筑位置，依地形地貌情况，建在交通方便、便于全园管理和操作的地段。

（三）排灌系统的安排

1. 灌溉系统 以水渠或管道灌溉的，其水渠或管道可与道路系统结合设计，顺主干道安排主管渠，顺田间道安排支管渠。水渠或管道的位置应高于田间的高度（无压情况），自园地高处向低处的走向，其比降不超过1/4。山地桃园的渠道应自上向下，必要时每层梯田要设水池，以缓冲流速。

采用喷灌或滴灌等节水灌溉技术，对节约用水和更好地满足桃树生育的需水量，非常有益，是今后的发展方向。这种灌溉设计技术要求较高，应请水利部门进行设计和施工。

2. 排水系统 桃树不耐湿，长期积水会造成烂根甚至死亡。因此，桃园必须建立排水系统。排水系统一般与道路系统结合设计，路边排水沟即为田间排水沟，主干道边的排水沟即为田间的主排水沟，田间道边沟为支沟。排水沟的深度与宽度，应根据当地雨量大小、地下水位高低和果园积水程度而定。雨量集中时，每行都应有临时排水沟与道边沟相通。山地桃园排水沟，应设在梯田内壁；垂直的排水沟要选在自然低洼处；坡度大的，还应建立跌水设施，以免水流对土壤造成冲刷。

(四)防护林的营造

防护林对改变果园小区气候,降低风速,减少蒸发,保持水土和减少交通主干线的污染等,都有明显的效果。以五月鲜桃为例,有防护林的花芽受冻率为4.7%,而无防护林的则为20%。

桃园防护林,以透风林为宜,一般是3行乔木与2行灌木相结合。林带边,要挖断根沟,防止防护林木根系进入桃园。林带应早于桃树1~2年定植,或栽种2~3年生大树苗,才能在桃树定植后起到防护作用。

三、定　植

(一)定植时期和定植密度

在我国南方地区,冬季冷冻时间短,冻层浅,故多在秋季或冬季栽树,因而有"秋栽先发根,春栽先发芽,早栽几个月,生长赛一年"的说法。自落叶至春节前,均可定植。在北方地区,冬季寒冷而干燥,秋冬栽树会因干、冷而造成死苗,故多进行春栽。栽树时期以土壤解冻为始,越早越有利于根部生长,提高成活率。

定植密度依品种、土壤状况和管理水平等确定。一般为每公顷495~750株,山地每公顷可达900株。近年推行矮、密、早栽培,其密度为每公顷990~1500株。

(二)定植方式

定植方式,依各地地形、技术条件和机械化水平等确定。

1. 正方形定植　即株行距相等的栽植方式,如4米×4米或5米×5米等。

2. 长方形定植　即株距小、行距大的栽植方式,如4米×5米,2米×6米等。此种方式行间大,成形后行间受光条件好,便于机械化管理,单位面积株数多,密度大,能提早受益,是发展的趋势。

3. 其它定植方式　还有丛植、双行带状等定植方式。丛植方式，即一穴栽 2～3 株的栽植方式。每株成一主枝，对提早结果，增加结果面积有利。双行带状栽植，即一宽行一窄行的栽植方式。这种栽植方式，可提高密植程度，宽行内便于操作，但窄行间又不便于操作。

山地定植随着坡面的大小和坡度的缓陡程度而变化，往往在一个园中会出现不同的定植方式。

(三)定植技术

定植穴，一般深 60～80 厘米，宽 60～100 厘米。具体规格随土壤条件而定。在土层深厚的熟地，定植穴可浅一些，小一些。在土层浅的河滩地和山地，定植穴应深一些，大一些。

挖定植穴之前，应先测出定植点，在每个穴点钉好木桩或点上石灰。挖穴时，以点为中心，按要求规格的大小，把表土与底土分别放在坑的两边。在山地或河滩地，石块较多，应客进一部分好土。有条件者，应在秋季挖好定植穴，穴内填入厩肥，与表土混合踏实，使其越冬腐败沉实。

定植前，先把树苗按品种安排放于穴内，然后三人一组，用定植板或采用目测对照的办法，对准株、行向、再把树苗立起，展平根系，先填入表土，填至一半时，将苗木上提，并加以轻摇，使根系和土壤贴实，栽植深度以苗木原入土深度为准。然后一边填土，一边踏实，至与地面相平，灌足水。待水渗下后，覆土与地面相平，并在苗木的周围做小土堆，以防水分蒸发和树干摇动，或在树干旁插一竹竿，用绳子把树苗松绑于竹竿上加以固定(图 4-5)。

(四)半成苗(芽苗)的栽植

习惯上，桃树均栽种一年生苗。为了加速桃园建设和解决苗木的供不应求问题，近年来不少地方采用半成苗进行定植。半成苗，即当年芽接后尚未萌发的芽苗。将它于当年或翌年春季出圃直接定植，称为半成苗栽培。此类栽种的桃苗，可在夏季苗木生长到定干高度时摘心，使其发生二次枝。利用二次枝整形。即一年成形，二年结果，三年可以达到每公顷7 500千克的桃产量。其优点是，苗期短，成形早，收益快。为此，在栽植技术上须做到：

1. 严格选择苗木 必须选栽接芽饱满，根系生长良好的苗木；剔除接芽不饱满，愈合不良的苗木。定植后，芽开始萌动时，应即检查其成活率。把不活的苗做上标记，以便及时补种或补接。其剪砧及除萌工作，与苗圃相同，但要求更加细致。接芽萌发后，应套透明袋，以防虫害。抽嫩梢后，要及时在袋顶开口通气，以免袋内温度过高，烧伤新枝。新枝长到10厘米左右长时去袋，插竿绑缚，以防被折断。

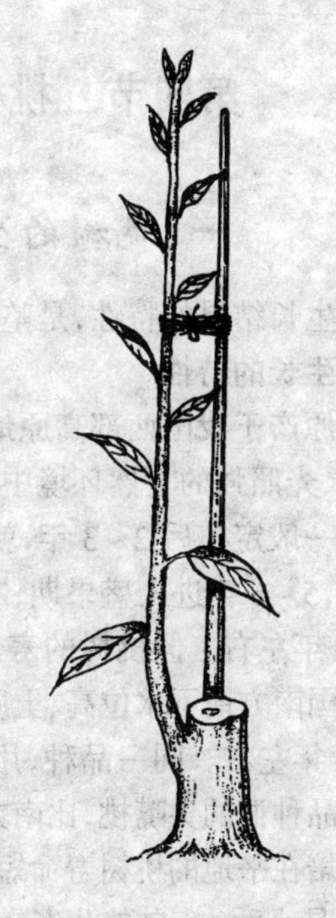

图 4-5 固定幼苗

2. 摘心定干 当新梢长到60～70厘米长时，应扭梢或摘心，按整形要求保留2～3个二次枝作主枝培养。对其它二次枝，可将其中的2～3个扭梢或摘心，作为辅养枝，而将多余的剪除。

3. 促长保苗 在苗木生长期，为促使幼苗生长，视生长状况，追施2～3次肥料。同时，加强苗期病虫害防治，保证苗木健康正常生长。

第四节　桃树的整形修剪

一、桃树的生长结果特性

桃树生长结果的特性,是整形修剪的主要依据。

(一)生长的特性

桃树原产于我国西部高原地区,在系统发育过程中,长期生存在日照长、光照强的自然环境中,因而形成为典型的喜光树种。

桃树一般定植后2~3年,就可结果,4~5年即可形成所要建立的树形,5~6年进入盛果期,20~25年树势逐渐衰退。经济年龄一般为20年左右。但桃树的寿命随品种、砧木及栽培条件而有所差异。我国南方地下水位高、土质瘠薄的地区,桃树衰老得早,经济寿命为15年左右。同一品种,用山桃作砧木比用毛桃作砧木寿命短。北方品种群的尖嘴桃,比南方的水蜜桃寿命短。栽培在山地的桃树比栽培在平地的桃树寿命短。栽培管理好的桃树寿命较长。

桃树是小乔木,自然生长时树冠常开张,有主干,但干性弱。树姿由于品种不同而各有差异。北方品种群的品种,如肥城桃、天津水蜜桃和五月鲜等,树姿较直立,其主枝角度一般小于40°;南方品种群的品种,如大久保、离核水蜜桃和玉露等品种,树冠较开张,甚至下垂,其主枝角度一般大于50°。

桃树树势的强弱与树干的高矮有关。树干过高,树冠形成迟缓,树势易衰弱。所以,桃树一般以采用矮干为宜。但大久保、早久保和丰白桃等品种,枝条容易下垂,树干可稍高一些;庆丰和京红等品种,枝条直立性较强,树干应矮些。在肥沃平坦地段建桃园,树干以稍高些为宜;在土壤瘠薄地段建桃园,树干以留矮些为好。

桃树树冠形成的快慢、结果的早晚及产量的高低,与萌芽力和成枝力有关。一般讲,桃树的萌芽和发枝力都强,但品种间存在着较大的差异。如早生水蜜桃品种，萌芽力弱，但发枝力很强；橘早生品种，萌芽力和发枝力均强。品种相同，但生长条件不同，萌芽力的强弱也有所改变。桃树在砂土地上生长时的萌芽力，比在砂壤土上生长的萌芽力弱；在寒冷地区的桃树，比在温暖地区的桃树弱。凡是萌芽力和发枝力均强的品种，树冠形成得快，结果较早，产量也较高。

桃树新梢萌发副梢能力很强，能形成多次分枝。副梢的腋芽还能抽发三次梢。二次梢发育也相当充实，可以形成结果枝。三次梢长势较差，但其基部两侧着生的腋芽较充实。所以，一般留基芽短截，能萌发良好的新枝。

桃树新梢上无花芽或花芽很少的枝条，称为发育枝。发育枝可以逐年培养成骨干枝。副梢，特别是二次梢，如管理得好，适时摘心和剪梢，也可培育成结果枝或骨干枝。尤其是在幼树和壮树上，副梢是很有利用价值的枝条，可用来加速扩展树冠和扩大结果面积，达到早期丰产的目的。若副梢着生部位较高，其利用价值不大。

1. 芽　桃树芽在形态上分叶芽和花芽两种。

(1)叶芽　由新梢顶端或叶腋的芽原基分化而来。它是由鳞片、过渡叶、幼叶和生长锥组成(图 4-6)。叶芽的形状在品种间差异不大，呈瘦长形。叶芽只抽生枝叶，新梢顶端的芽必为叶芽。不同类型的枝条，芽的排列不同，粗 1.5 厘米以下的发育枝上，多是侧生叶芽，每一节只有一个叶芽，叫单芽；粗 1.5 厘米以上的强壮发育枝上，多着生复叶芽。复叶芽有三个叶芽或二个叶芽为一节(图 4 – 7)。

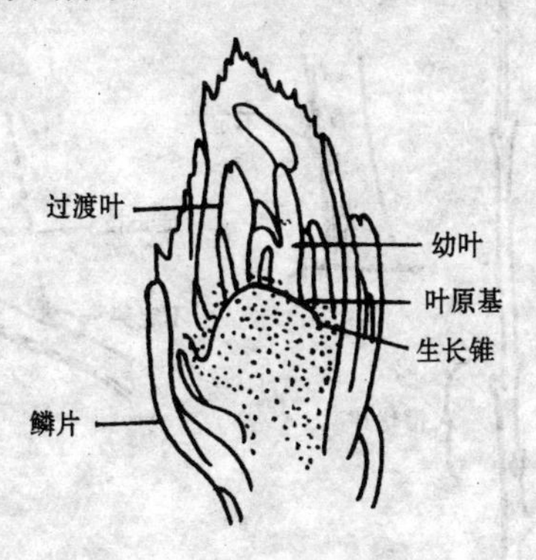

图 4-6　叶芽剖面

图 4-7　叶　芽

1. 单叶芽　2. 盲芽　3. 顶叶芽　4. 复叶芽　5. 副梢芽

叶芽的萌发力很强，复叶芽一般在剪口下全都能萌发。有的强壮枝上叶芽在当年夏季萌发，形成副梢，第二年春，副梢枝两侧的芽才萌发，长成新梢。叶芽在发育过程中还有不定芽、盲芽等形式。

①不定芽　芽的发生部位不固定，所以称为不定芽。常发生在剪锯口附近，或由于修剪过重而刺激其诱发。这种芽通常生长较旺，成为徒长枝。

②潜伏芽　一年生枝上的越冬芽，翌年夏季不萌发，仍处于休眠状态。这种芽称为潜伏芽，或称休眠芽(图 4-8)。潜伏芽在某种情况下可以萌发。桃树因萌芽力强，所以潜伏芽不像苹果、梨树那样多，而且寿命也短。

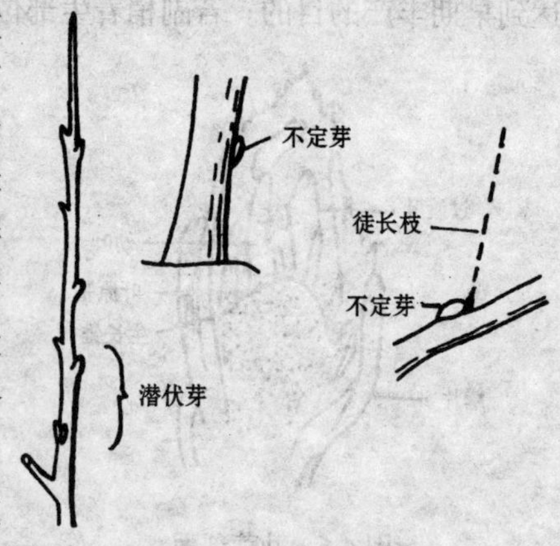

图 4-8　不定芽与潜伏芽

③盲芽　有的桃树枝条叶腋没有叶原基。有节无芽的称为盲芽。盲芽处不发枝。盲芽常发生在枝条的基部和生长不充实的二次枝上，或

者弱枝上(图 4-9)。

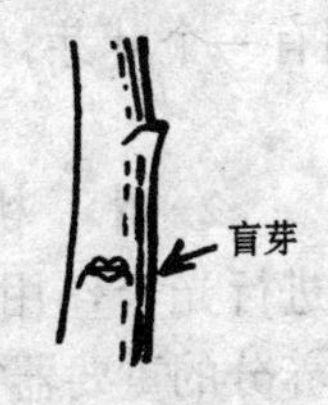

图 4-9 盲 芽

(2)花芽 桃树花芽内只有花器官,无枝叶,是典型的纯花芽。每芽一朵花,每个花芽由 12 ~ 14 个鳞片、2 ~ 3 个过渡叶、5 个萼片、5 个花瓣、4 轮雄蕊和 1 个雌蕊组成(图 4-10)。花芽的形状在品种间有所不同。北方品种群的品种,花芽略呈椭圆形,比较肥大,顶端略呈圆形;南方品种群的品种,多呈麦粒状(图 4-11)。

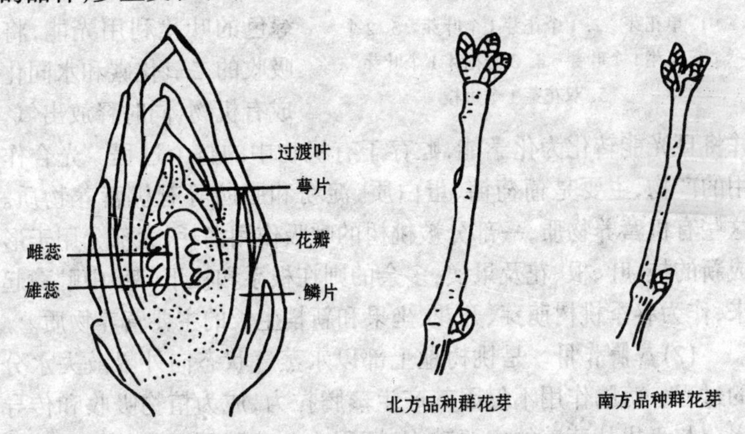

图 4-10 花芽剖面

图 4-11 花芽形状

花芽均侧生在枝上,有单花芽和复花芽之分。单花芽是在每一节上着生一个花芽;复花芽是在每一节上着生两个以上的花芽。长果枝中、上端,多为复花芽,即两个花芽中间有一个叶芽,或一个花芽和一个叶芽;长果枝接近基部多为一个单花芽。中果枝上单花芽较多,而且单花芽与单叶芽间隔生长。短果枝上多是单花芽与复花芽间隔着生,顶端是叶芽。南方品种群枝条上复花芽比较多,即两侧为花芽,中间为叶芽;短果枝上的复花芽多是两个花芽或三个花芽为一节,没有叶芽,只在顶端有一个叶芽,少数短果枝上顶端也没有叶芽(图4-12)。

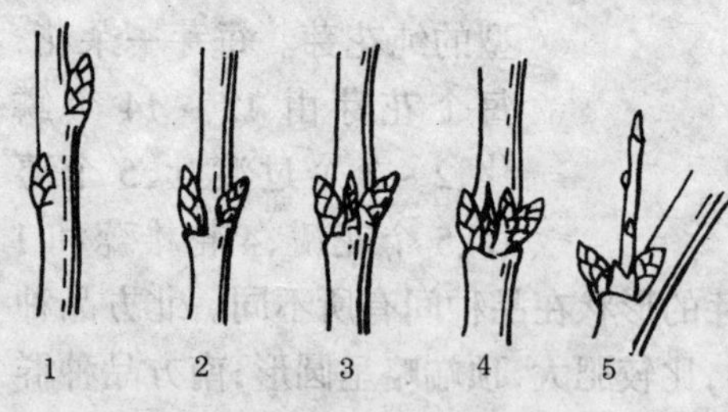

图 4-12　桃树花芽的排列

1. 单花芽　2. 1个花芽1个叶芽　3. 2个花芽1个叶芽　4. 3个花芽1个叶芽　5. 双花芽1个短枝

2. 叶　桃树叶片是进行光合作用,制造有机养分的重要器官。它是由托叶、叶柄和叶片三部分组成。呈披针形。叶的主要功能如下:

(1)光合作用　这是绿色的叶片利用光能,将吸收的二氧化碳和水同化成有机物,同时释放出氧,并将日光能转化为化学能,贮存于有机物中的整个过程。光合作用的产物,主要是葡萄糖、蛋白质、淀粉和脂肪等有机营养物质。这些有机营养物质,一部分被桃树的呼吸作用消耗,大部分用于形成新的枝、叶、根、花及果实,多余的则在根系和枝干(芽)中贮藏起来,作为春季桃树萌芽、开花、坐果和新梢生长的主要营养物质。

(2)蒸腾作用　是桃树地上部以水蒸气状态向外界散失水分的过程。蒸腾作用不仅因其产生蒸腾拉力,成为植物吸收和传导水分与无机盐营养的主要动力,还因水分蒸腾而吸收能量。叶片消耗大量的热量,可起冷却作用,使叶片在烈日下温度不致过高。

(3)气体交换　植物叶片通过光合作用,吸收二氧化碳,释放出氧。又通过呼吸作用,吸入氧,排出二氧化碳。呼吸作用是一切活细胞的生理活动。

3. 枝　桃树的枝条分营养枝和结果枝两大类。其中营养枝按生长势,又分为发育枝、叶丛枝、徒长枝和纤细枝(图 4-13)。

(1)发育枝　枝条上的芽一般为叶芽,或少数花芽着生于枝条

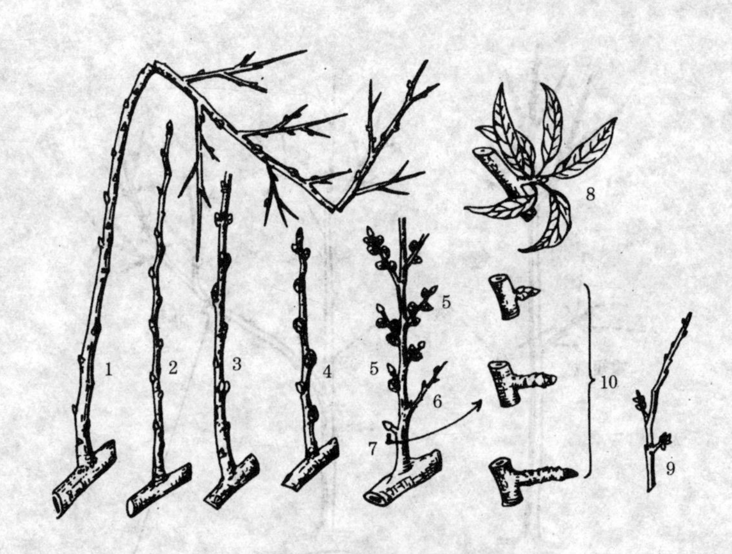

图 4-13 桃树的各种枝条

1. 徒长枝(先端为二次和三次枝) 2. 发育枝 3. 长果枝
4. 中果枝 5. 短果枝 6. 纤细枝 7. 叶丛枝
8. 叶丛枝夏季生长状 9. 花束状果枝 10. 不同年龄的叶丛枝

顶端。这种花芽不充实,不易结果。即使结果,果实也很小。发育枝在幼树和旺树上较多,一般长 50 厘米以上,粗 1.5~2.5 厘米,生长势旺盛,可作为结果枝组更新用,或幼树扩大树冠用。

(2)徒长枝 这种枝条生长旺盛,直立粗壮,有二次枝或三次枝,其长度可达 1~2 米,在二次枝上往往着生花芽。徒长枝多发生于树冠上部,由强旺的骨干枝背上芽或直立旺枝上的芽萌发而成。由于徒长枝生长旺盛,消耗养分多,枝姿直立,高大,影响通风透光,因此,必须加以改造或剪除。幼树上的徒长枝,可用来整形,加速形成树冠。盛果期树很少发生徒长枝,如有发生,要及时剪除或改造。可采取扭梢、曲枝、别枝和短截等手段,将其改造成结果枝组。衰老树上的徒长枝,应培养成新的树冠或枝组(图 4-14)。

(3)叶丛枝 多由枝条基部的芽萌发而成。叶丛枝由于营养

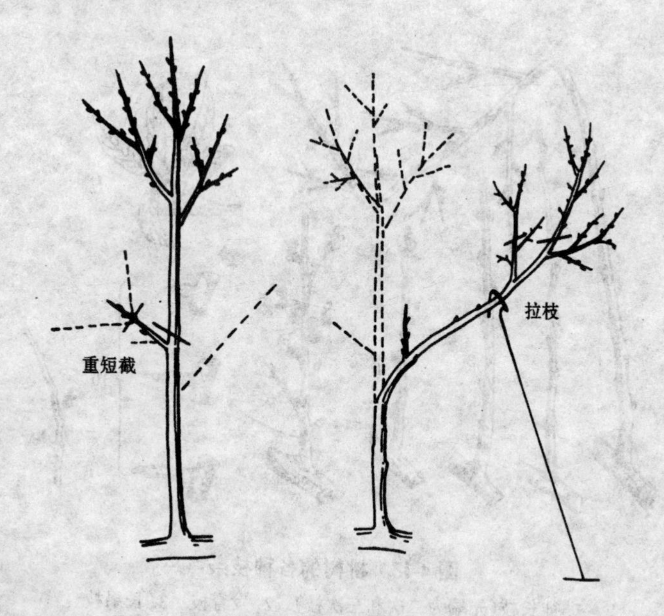

图 4-14　徒长枝的改造

不足，萌发后不久，便停止生长，一般枝长在1厘米以下，可延续多年，但仍为叶丛枝，而且萌发时常形成叶丛。落叶后枝上满布鳞片痕和叶柄痕，仅枝顶着生 1～2 个叶芽。因此，也叫单芽枝。

叶丛枝多由三四年生枝条中下部的潜伏芽发育而成，六年生以上的枝条很少发生，但十年生以上的枝条，有时也出现叶丛枝。如果这类枝条的母枝当年发育不良，或阳光不充足，则落叶后叶丛枝易枯死。如母枝生长健壮，叶丛枝能继续生长 3～5 年。在条件适合时，叶丛枝可以萌发成不同类型的枝条（图 4-15），也可以利用叶丛枝重回缩更新树冠或培养成枝组（图 4-16）。品种不同，重回缩后叶丛枝萌发大枝的情况也不同。据江苏省园艺研究所报道，奉化玉露和白花水蜜桃等品种的叶丛枝形成大枝的较多，阿尔巴特品种形成大枝的较少。

（4）纤细枝　由潜伏芽萌发抽生的极短枝或细弱枝，顶芽为叶

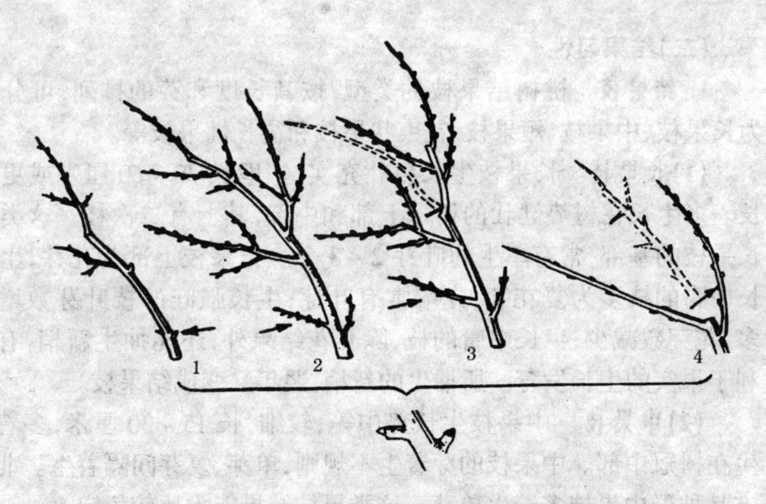

图4-15　叶丛枝在不同条件下发育成不同类型的枝条

1. 条件不好,易枯死　2. 一般可生成中、短枝
3. 回缩可发生中、长枝　4. 重刺激可发出徒长枝

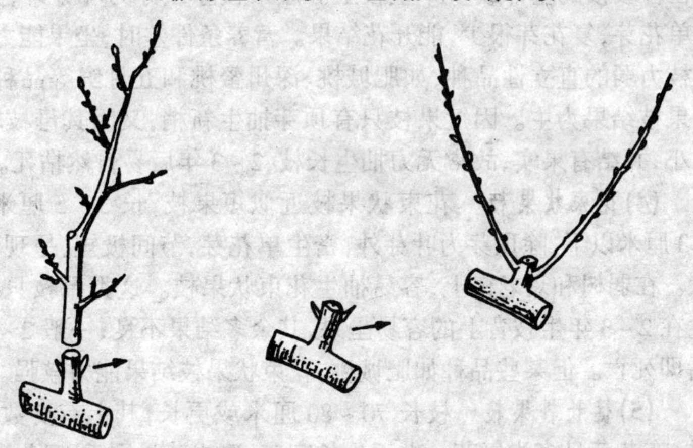

图4-16　利用叶丛枝更新大枝

芽,翌年再萌发抽生的极短枝称为纤细枝。有的可成为结果枝。在树冠内部秃裸或树势衰弱的情况下,可利用这类枝结果或更新。

(二)结果习性

1. 结果枝 桃树结果枝的类型,按其长度和芽的排列,可分为长果枝、中果枝、短果枝、花束状果枝和徒长性果枝等。

(1)长果枝 长果枝生长粗壮充实,一般长30～60厘米或更长。多生长在树势健壮的树冠上部和中部,其上有二次枝。这类长果枝的基部,常有单生的叶芽2～3个。长果枝上部为花芽,生长中庸的枝多为复花芽,先端常有叶芽;生长强旺的枝叶芽数增多,花芽数减少;生长中庸的枝,除开花结果外,还能抽生新梢,有利于果实的生长发育。所抽生的新梢,翌年又变成结果枝。

(2)中果枝 中果枝生长势中等,较细,长15～30厘米,多着生在树冠中部。中果枝的芽着生不规则,单芽、复芽间隔着生。北方品种群中果枝多着生单芽。这类果枝结果能力比较稳定。

(3)短果枝 这种枝条长5～15厘米,粗0.3厘米左右。多发生在各级枝的基部或多年生枝上。短果枝除顶芽为叶芽外,大部为单花芽,复花芽很少,能开花结果。营养条件差时,坐果能力低。发枝力弱的直立性品种,如肥城桃、深州蜜桃和五月鲜等品种,以短果枝结果为主。因短果枝只有顶芽抽生新梢,又因其母枝本身弱小,并结有果实,故常无力抽生长枝,2～3年后易自然枯死。

(4)花束状果枝 花束状果枝近似短果枝,长3～5厘米,粗0.3厘米以下,除顶芽为叶芽外,密生单花芽,节间极短,呈现花束状。在弱树和衰老树上,容易抽生花束状果枝。这类果枝只有着生在2～3年生枝背上的容易坐果,其余多结果不良,一般2～3年后即死亡。但某些品种如肥城桃,花束状果枝结果能力较强。

(5)徒长性果枝 枝长70～80厘米或更长,其上有少数二次枝,有花芽且多为复芽。由于生长旺盛,造成落果严重,且果小,品质劣。一般用作培养枝组,或作更新用。若用其结果,则需缓放或拉平,以削弱其生长势,然后再让它结果(图4-17)。

2. 结果枝的比例 在一棵树上,各类结果枝所占的比例,因

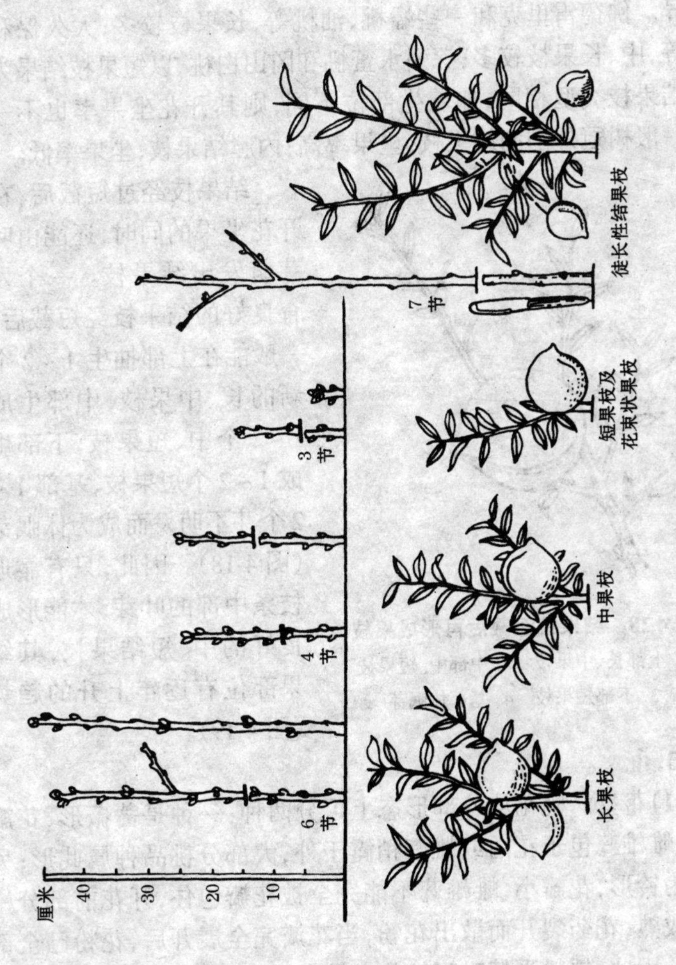

图 4-17 各类果枝及短截后的结果状

树龄、树势而不同。一般在幼树和强旺树上,中、长果枝较多;大树和弱树上,中、短果枝较多。各种结果枝的比例,又因品种不同而有差异。佛德雷里克和一些蟠桃、油桃等,长果枝较多;大久保和燕红等,中、长果枝较多;深州水蜜桃和冈山白桃,以短果枝结果为主。结果枝类型相同,如着生部位不同,则其开花坐果率也不一样。一般树冠外围的结果枝,坐果率高;内膛结果枝,坐果率低。

图 4-18　结果枝短截后再形成果枝
1. 上部长、中果枝　2. 中部中、短果枝
3. 下部短果枝　4. 基部休眠芽

结果枝经过短截后,在开花坐果的同时,还能由叶芽萌发出结果枝。一个发育良好的结果枝经短截后,一般能在上部抽生 1～2 个新的长、中果枝,中部生成 1～2 个中、短果枝,下部生成 1～2 个短果枝,基部 1～2 个芽不萌发而成为休眠芽(图 4-18)。因此,只有靠近枝条中部的叶芽,才能形成良好的中、短结果枝,其结果部位有逐年上升的趋势(图 4-19)。

3. 花

(1)花型　桃花从外部形态上可分两种:一种是蔷薇形,花瓣较大,雌雄蕊包于花内或雌蕊稍露于外,大部分桃品种属此形;另一种为铃形,花瓣小,雌雄蕊不能完全被花瓣包住,开花前部分雄蕊已成熟,花药裂开而散出花粉,当花瓣完全展开后,花粉已全部散出。因此,授粉受精时间较前者早,如明星、罐藏 14 号和金童 5 号等桃品种属于此形(图 4-20)。

(2)花的组成　桃花为完全花。雌雄同花同株,由萼片、花瓣、

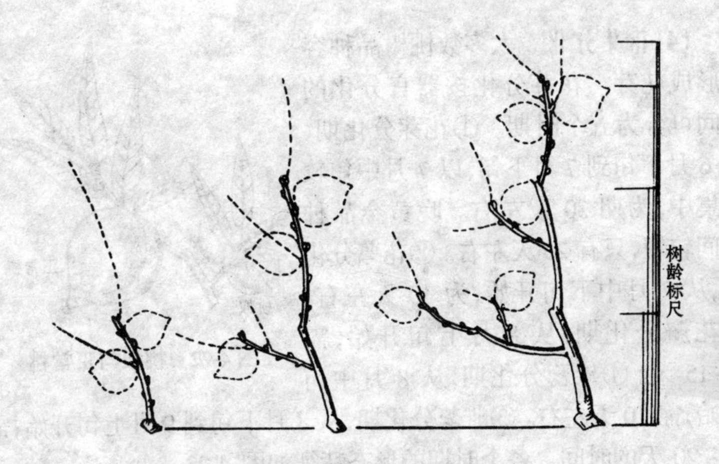

图 4-19 结果部位逐年上升

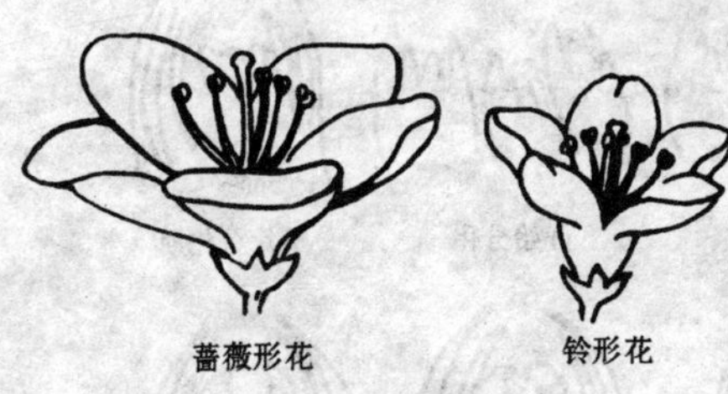

图 4-20 桃的花型

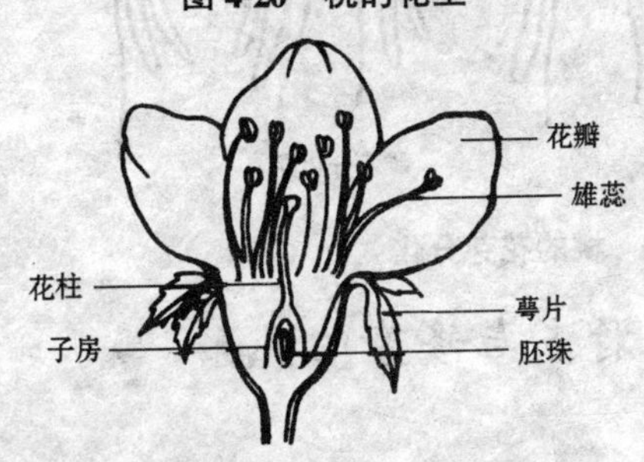

图 4-21 桃的花器组成

雌蕊、雄蕊、子房和胚珠等组成(图4-21)。

(3)花粉能育性 桃品种中有花粉能育和花粉不育两类。花粉能育的,花药饱满,颜色浓红,具有生命力,自交结实能力强。花粉不育的,花药退化,瘦小,颜色粉红或为乳白色,缺乏生命力,需要异品种授粉才能结实。桃的大多数品种为能育性花粉。

桃部分品种无花粉或少花粉,未经授粉受精而结实,称为单性结实。其果实小,俗称"桃奴"。如深州蜜桃、肥城桃、五月鲜、六月白和冈山白等品种,都有一定数量的"桃奴"(图4-22)。

(4)花芽分化　大多数桃树品种容易形成花芽。花芽分化按器官分化的时间可分为五个时期。①花芽分化期，从6月下旬到7月下旬，以7月中旬较为集中，为期30天左右。晚黄金品种时间较短，只有20天左右。②花萼分化期，从7月中下旬开始，为10天左右。③花瓣分化期，从8月上旬开始，需5～15天。④雄蕊分化期，从8月中旬开始，需10天左右。⑤雌蕊分化期，从8月下旬到9月上旬开始，需10～20天的时间。各个时期的形态特征如图4-23。

图4-22　桃奴与正常桃

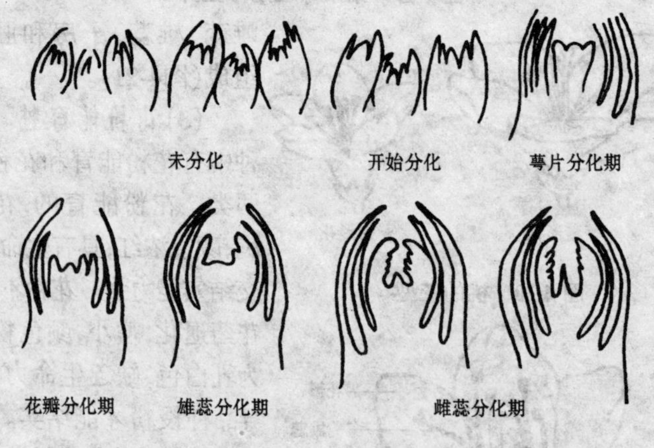

图4-23　桃的花芽分化

二、桃树生长特点与修剪的关系

(一)喜光性强，干性弱

桃树在系统发育过程中，形成了喜光特性。不经整形修剪的自然生长桃树，枝条密集，光照不良，树冠内枝条易枯死，因此，结果部位外移快。若经整形修剪,使枝条分布合理,就可创造良好的通风透光条件,有利于树体的生长发育和开花结果。

另外,短日照或遮光,会延迟桃树的花芽分化和花芽发育。如肥城桃在花芽分化前一个月,每日必须平均日照7小时左右,才能正常进行花芽分化。

桃树中心枝生长弱。自然生长的桃树,它的树冠多成偏圆形或圆头形,阳光不易照进树冠的内膛。因此,对它宜进行人工整形,使之形成开心形,以适应它的喜光特性(图4-24)。

图4-24 桃树喜光性强,适宜整成开心形

(二)生长势旺盛,分枝多

桃树生长势旺盛,主要表现在生长量大和分枝量多。如幼树的发育枝在一年内,可长达1.5~2米,粗2~3厘米。在一个生长季节内,可发2~3次枝。如进行摘心,则分枝更多,常使树冠郁闭,影响光照。

对于受光不良的桃树,必须及时疏枝和摘心。疏枝可以减小枝条密集程度(图4-25);摘心可以改变枝条高度,增加枝条的曲折度,抑制其生长势(图4-26)。

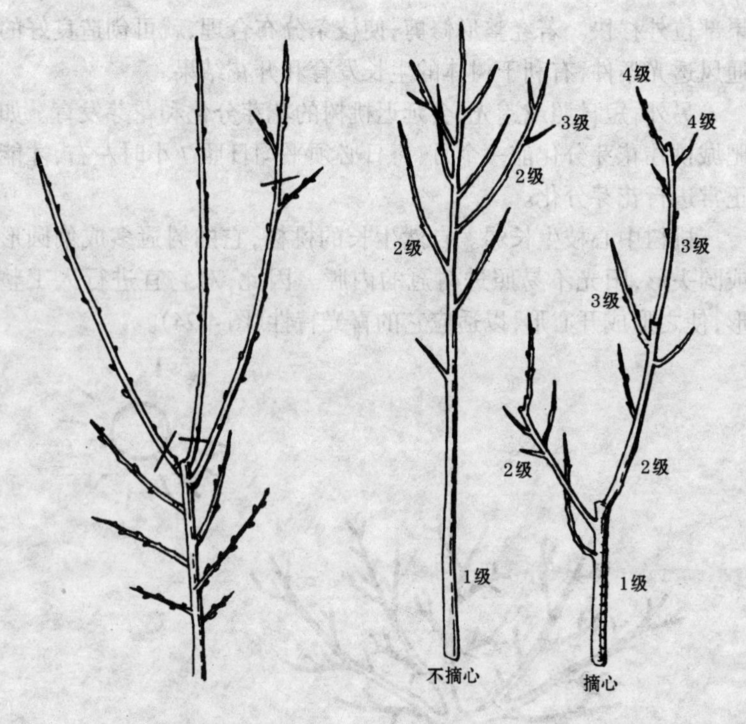

图 4-25　适时疏枝，减小枝条密度　　图 4-26　桃树 1 年中的分枝级次

（三）分枝尖削量大

桃树枝条每发出一次枝条，使分枝点以上的母枝显著变细。这种削减枝条先端加粗生长的量叫尖削量。桃树的尖削量比苹果树大。如在母枝背上萌发直立枝条，不加任何控制任其自然生长，对其母枝尖部削减量更大，一般为其着生点下部粗度的 1/2 左右（图 4-27）。因此，在整形修剪时，要控制骨干枝上的分枝生长势，保证骨干枝的正常生长。

（四）耐修剪性强

桃树，无论修剪轻还是修剪重，都能成花。与苹果树比较，桃树的耐修剪能力是比较大的。但修剪过重,成花率相对减少。桃树耐修剪能力的大小,也因品种和树势而异。如肥城桃和五月鲜等品种,树势生长旺盛。若再给予较重的修剪,会刺激其萌发出大量的旺长枝条,从而减少中、短枝数量,影响结果,造成产量下降。某些树冠开张形的品种,树势生长中庸,给予稍重的修剪,对产量影响不大(图4-28)。

图 4-27　桃树分枝尖削量大

(五)伤锯口不易愈合

修剪必然造成伤口,伤锯口对附近枝条的生长量有一定的影响。桃树伤锯口的影响,不像苹果树那样影响大(图 4-29)。一般情况下,可以不考虑其影响。但是,桃树修剪造成的剪锯口,常常愈合不良,伤口的木质部分易干枯死亡,并深达木质部(图4-30)。因此,修剪时力求伤口小而平滑,有计划地把伤口安排

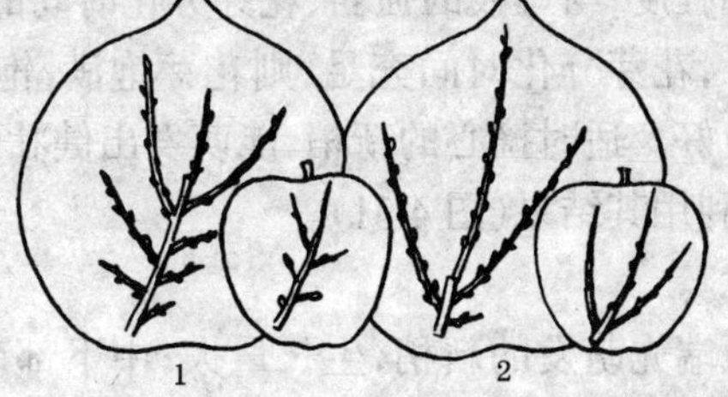

图 4-28　桃树耐修剪力强(与苹果树比较)

1. 轻剪,苹果有花,桃花多　2. 重剪,苹果无花,桃花也多

在枝条的下侧或背阴面,并且在伤口上涂保护剂,以利于尽快愈合。常用的保护剂有铅油、油漆和接蜡等。

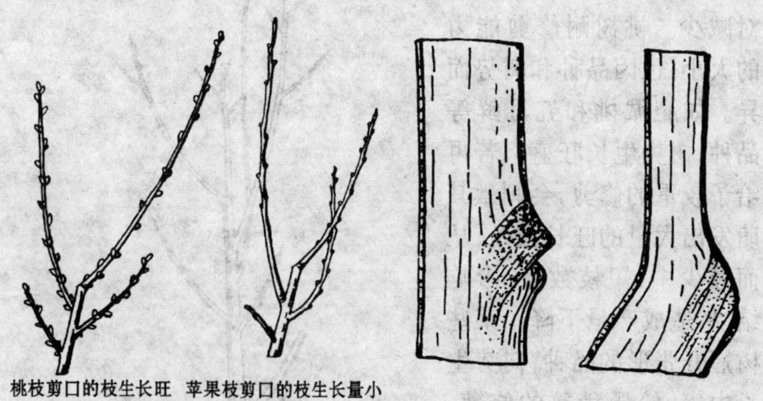

图 4-29　桃树剪口的影响　　图 4-30　剪锯口干死的伤疤

(六)桃芽与修剪的关系

一般桃芽的萌芽率和成枝力均高,并在一年中能萌发多次副梢,这有利于整形。由于形成的枝条多,修剪时需疏枝,以利于通风透光。又因萌芽率高,潜伏芽相对少,且寿命短,所以盛果期后的多年生枝下部不萌发新枝而光秃,修剪时应及时进行枝条更新复壮。

花芽的饱满程度,与母枝的强弱、花芽分化时间的长短有密切关系。母枝强壮,花芽分化时间充足,则花芽饱满,饱满的花芽当然开花结果也良好。适时摘心的新梢,能萌发出健壮的副梢,其花芽较饱满,可以利用其结果(图 4-31)。

(七)顶端优势

桃树枝条顶端先萌发的新梢,生长量大;中下部萌发的枝条,生长量小。这种现象叫顶端优势。桃树的顶端优势比苹果树弱,但经短截后同样表现出顶端优势的规律。在桃树主枝条顶部芽萌发的枝条，生长势最旺，分枝角度小；而下部芽萌发的枝条，生长势较弱，分枝角度大；近基部的芽不萌发，而成潜伏芽(图4-32)。

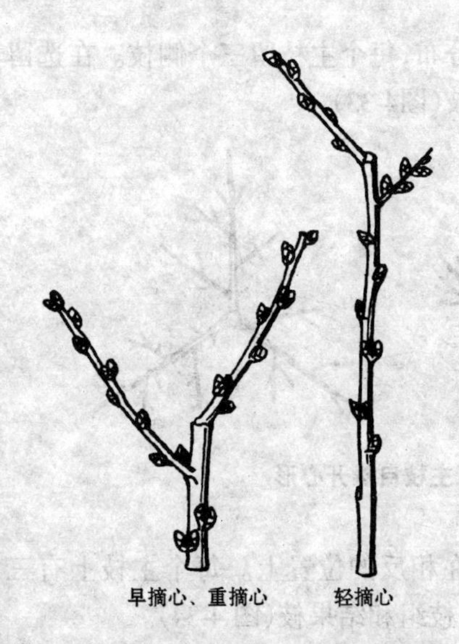

图 4-31 适时摘心的副梢花芽饱满

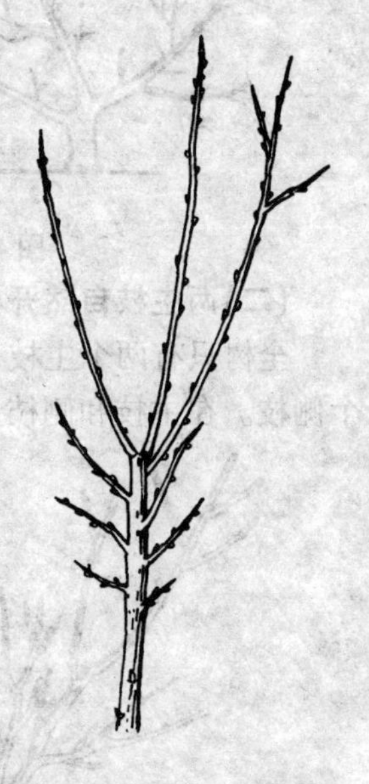

图 4-32 桃枝的顶端优势

三、主要树形

(一)三主枝自然开心形

此树形是目前我国桃树主要应用的树形。它吸取了自然丛状形和杯状形的优点，克服了主枝易劈裂、结果平面化的缺点。这种树形符合桃树生长特性，树体健壮，寿命长，三主枝交错在主干上，与主干结合牢固，负载量大，不易劈裂。主枝斜向延伸，侧枝着生在主枝外侧，主从分明，结果枝分布均匀，树冠开心，光照条件好。骨干枝上有枝组遮荫，日烧病少。适宜肥沃土壤上桃树采用。

干高 40～50 厘米，有三个势力均衡的主枝，主枝间距离 20 厘米左右，近似苹果树的三主枝邻近树形，基部角度为 50°～70°。在主枝外侧各留一个侧枝，作为第一侧枝。在第一侧枝的对侧选留第二侧枝，使两侧枝上下交错分布，每个主枝留三个侧枝。在选留侧枝的同时，多留枝组和结果枝(图4-33)。

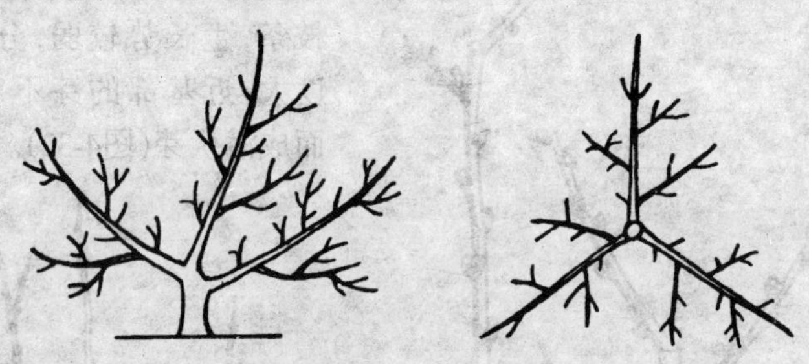

图 4-33　三主枝自然开心形

(二)两主枝自然开心形

全树只有两个主枝，配置在相反的位置上。每个主枝上有三个侧枝。在主枝和侧枝上配置枝组和结果枝(图 4-34)。

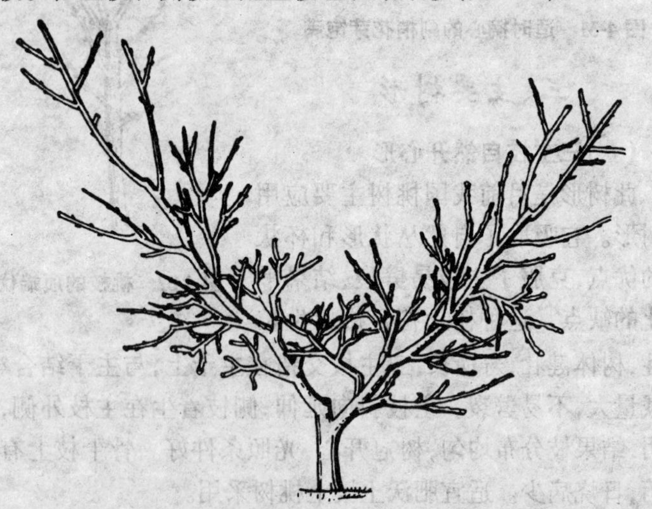

图 4-34　两主枝自然开心形

(三)改良杯状形

从杯状形改良而来。这种树形的标准是“三股六杈”，比杯状形主枝数目少，减少了顶端优势，有利于光照；增加了侧枝，树势均衡，产量增加。适用于大树冠和生长势强旺的品种(图 4-35)。

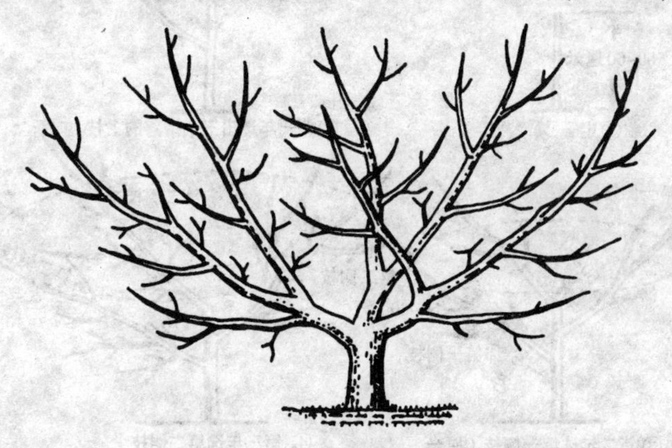

图 4-35 改良杯状形

四、整形技术要点

(一)三主枝自然开心形的整形技术

1. 定植后当年的整形 苗木定植后，在距地面 50 ~ 60 厘米处定干。定干高度，直立性强的品种，或土质瘠薄，风害严重，或株行距较小时，定干可矮些；相反，树姿开张，土质肥沃，气候温暖多湿，风害较轻，植株稀植或作庭院栽培，定干可高些。剪口下20 ~ 30 厘米要有良好的芽，作整形带，以便培养三大主枝(图 4-36)。

当主干整形带的芽萌发，新梢长到 20 厘米时，选留 4 ~ 6 个壮梢，余者疏除。当新梢长到 30 厘米时，选留三个生长势均衡，向四周分布均匀的新梢，作为主枝培养，其余新梢可予以摘心或剪截。对整形带以下的萌发枝，在早春时一次性予以疏除。

在选留三大主枝的同时，要调整好主枝的角度和方向，方位角为 120°，主枝的开张角度为 35° ~ 50°(图 4-37)。三个主枝的开张

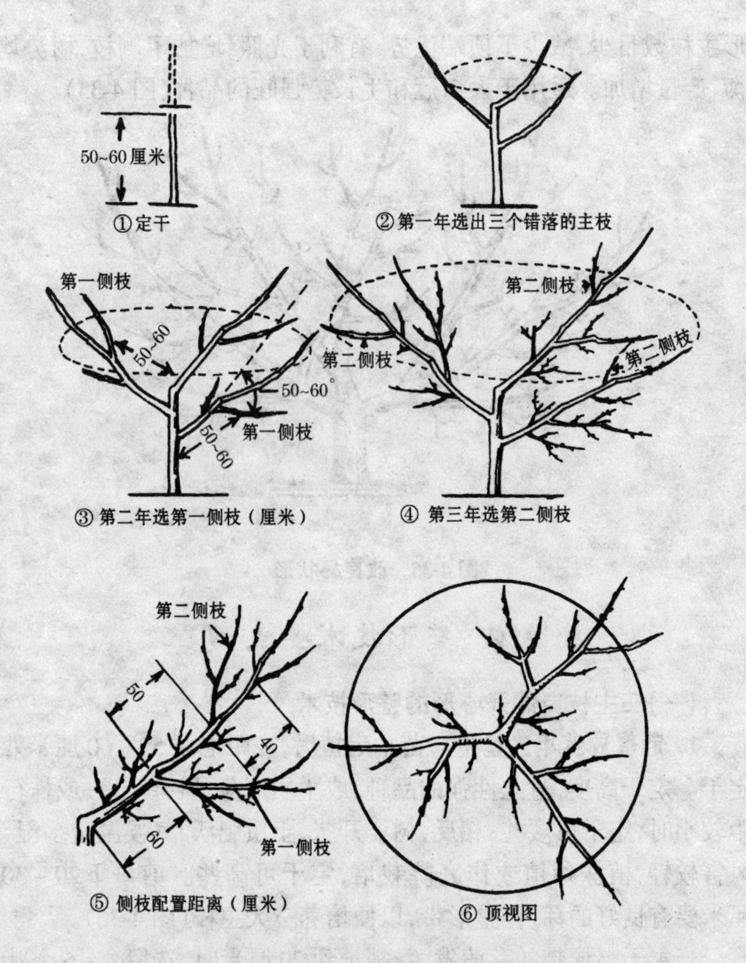

图 4-36　三主枝自然开心形整形顺序

角度不必一致。向北侧或向梯田壁生长的主枝，最好是顶端的第三主枝，因其所处的枝位高，本身生长势又较弱，可缩小该枝的开张角度，以增强生长势，一般开张角定为40°～50°；向南侧或背梯田壁生长的主枝，最好为第一主枝，因其生长势较强，开张角度可加大至 70° 左右，这是由于它位于南侧的缘故。枝条又比较开张，有利于通风透光。第二主枝开张角度 50°~60°(图4-38)。

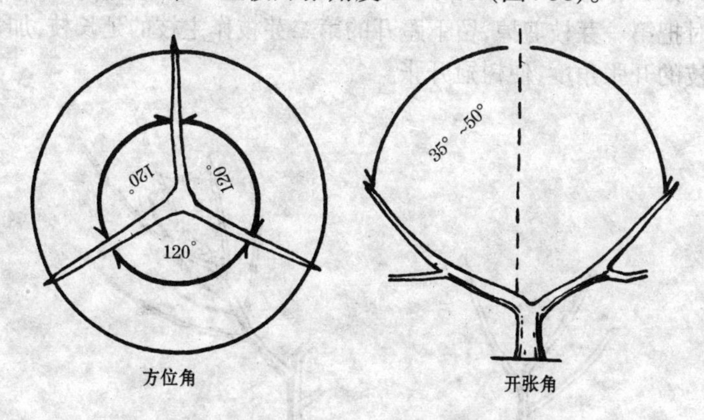

图 4-37 主枝方位角与开张角度

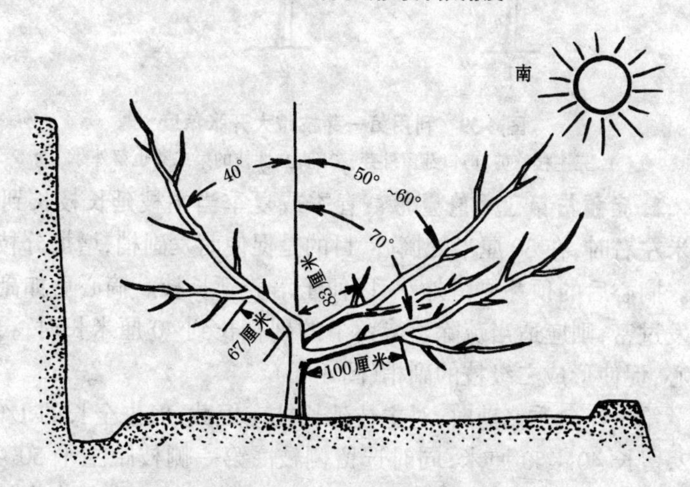

图 4-38 梯田桃树三主枝自然开心形的开张角度和第一侧枝的距离

定植当年冬季,主枝已定下来,冬剪时对主枝要进行修剪,一般要剪去全长的 1/3 或 1/2。如剪留的枝条长 50 厘米,剪口芽应留外芽,第二和第三芽均留在两侧。对直立性强的品种,为使树冠开张,第二芽也应留外芽,可采用抹芽的方法,使下部外侧芽成为第二芽,利用剪口下第一芽枝,把第二芽枝蹬向外侧(图 4-39)。冬剪时把第一芽枝剪掉,留下蹬开的第二芽枝作主枝的延长枝,加大主枝的开张角度,使树冠开张。

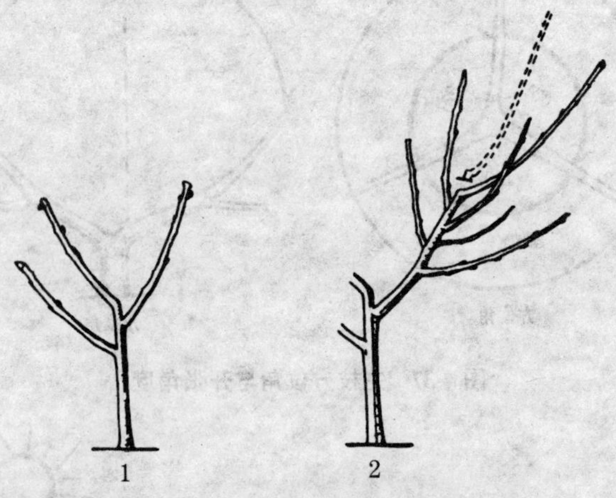

图 4-39　利用第一芽枝蹬大开张角度

1. 三主枝修剪,剪口芽留外芽　2. 直立性枝的第二芽也留外芽

2. 定植后第二年的整形　春季或夏季当主枝延长枝长到 50 厘米左右时,在 30 厘米处摘心,目的是促使萌发副梢,增加分枝级次。摘心后的顶芽要留外芽,以便于培养延长枝。摘心后如副梢萌发过密,则应适当疏除。待留下的副梢长到 40 厘米长时,再行摘心,促使形成二级枝的副梢(图 4-40)。

第二年冬季修剪时,对主枝延长枝应短截,剪去全长的 1/3～1/2,留长 40～50 厘米,同时选留侧枝。第一侧枝距主干 50～60 厘米,侧枝与主枝的角度保持 50°～60°(图 4-36)。在每个主枝上可选留 1～2 个结果枝(图 4-41)。

夏季当主枝延长枝长到 50～60 厘米时,再行摘心,在萌发的副梢中选择主枝的延长枝和第二侧枝。第二侧枝距第一侧枝 40～60 厘米,方向与第一侧枝相反,向外侧斜生长,分枝角度为

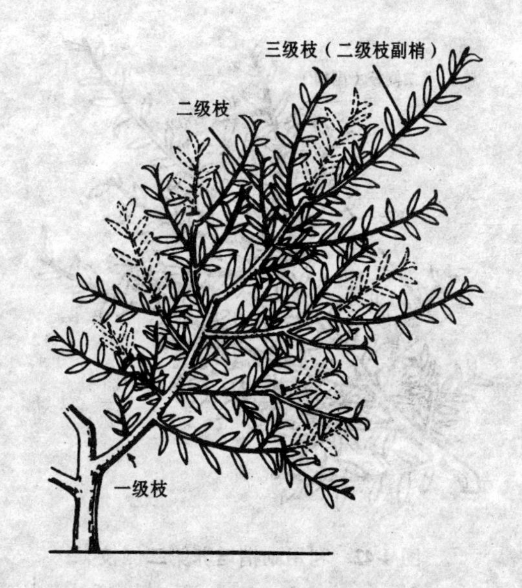

图 4-40　摘心促生副梢，增加分枝级次

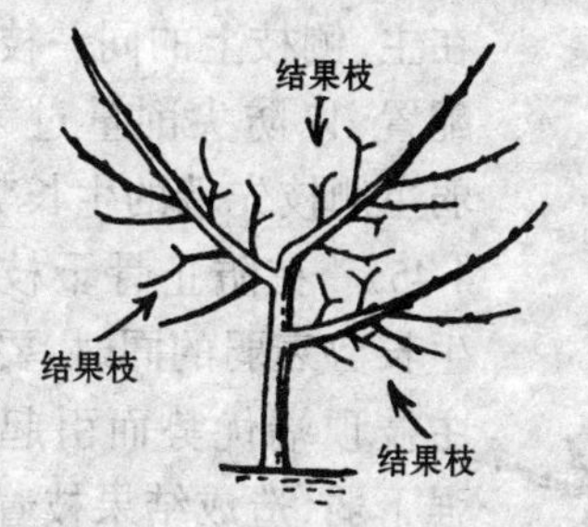

图 4-41　第二年冬剪时留 1～2 个结果枝

40°～50°。余下的枝条长到30厘米长时再摘心，促使形成花芽(图4-42)。

3. 定植后第三年的整形　苗木定植两年后，生长势转旺，枝条生长量加大，冬剪时主枝的延长枝剪留长度比上年稍长，一般剪去全长的1/3～1/2，留长为 60～70 厘米。

如果上年夏季未选出第二侧枝，冬剪时应选留第二侧枝。具体要求与上年夏剪用副梢培养侧枝相同，剪留长度比主枝剪留稍短(图 4-43)。

对结果枝和结果枝组的修剪，要疏密、短截，促使分枝扩大枝组。结果枝要适当多留，使结果枝组紧凑(图 4-44)。枝组的位置

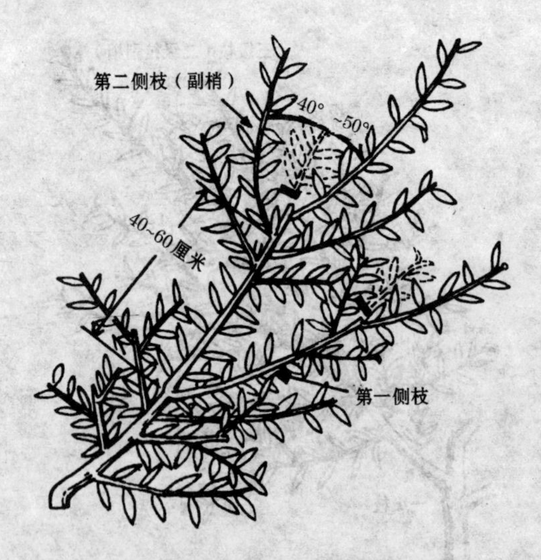

图 4-42　利用副梢培养第二侧枝

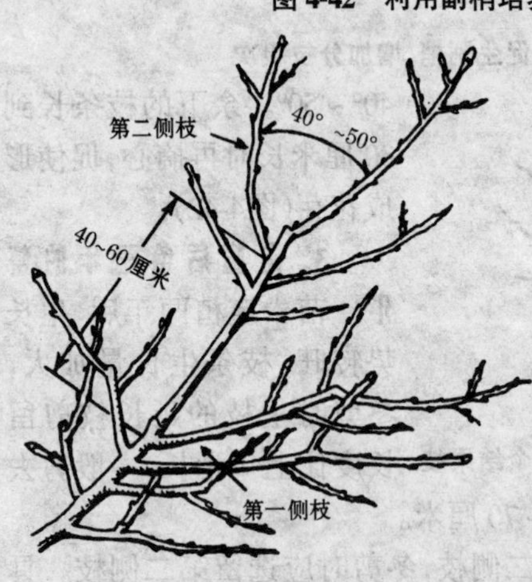

图 4-43　第三年选出第二侧枝

要安排适当，大型枝组不要在主、侧枝上的同一枝段上配置，以防尖削量过大，削弱主侧枝先端的生长势（图4-45）。在防止骨干枝先端生长势衰弱的同时，要防止主枝顶端优势而引起的上强下弱，造成结果枝着生部位逐年上升的现象。解决的办法，是采用留剪口下第二芽或第三芽作主枝的延长枝，使主枝成折线式向外伸展，侧枝配置在主枝曲折向外凸出部位。这样，可以克服结果枝上移过快的缺点（图4-46）。

（二）两主枝自然开心形的整形技术

又称"丫"字形，适宜山地、密植桃园，每667平方米可栽55～100株以上，特别适用于南方雨水多、光照少的地区。此树形的特点是造形容易，主枝之间长势一致，树冠开张，通风透光良好（图4-47，图4-48）。其培养方法有以下两种：

1. 利用副梢培养主枝

定植后不定干，将原中心

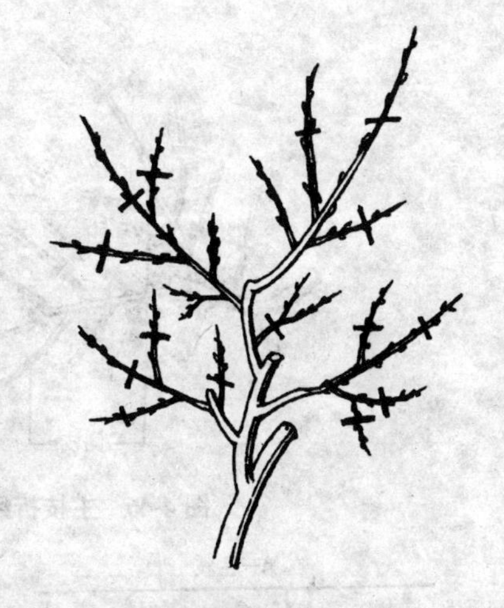

图4-44 对结果枝组进行疏密和短截

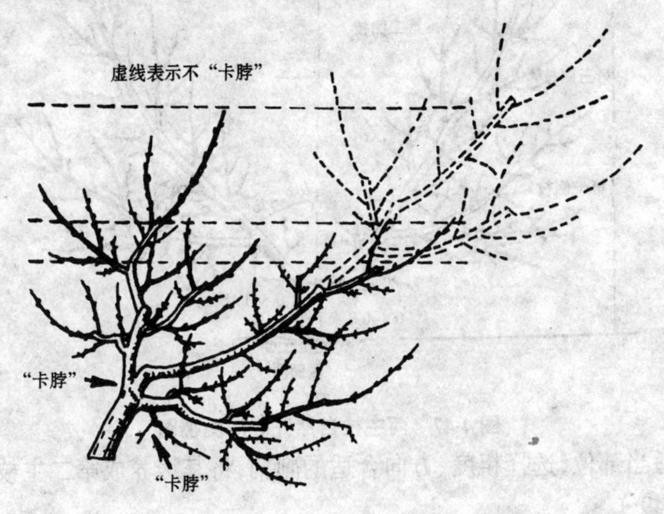

图4-45 枝组直立、强旺或对生，产生"卡脖"，使延长枝衰弱

干进行人工拉枝，使其倾斜45°角，培养成第一主枝。夏季在其下

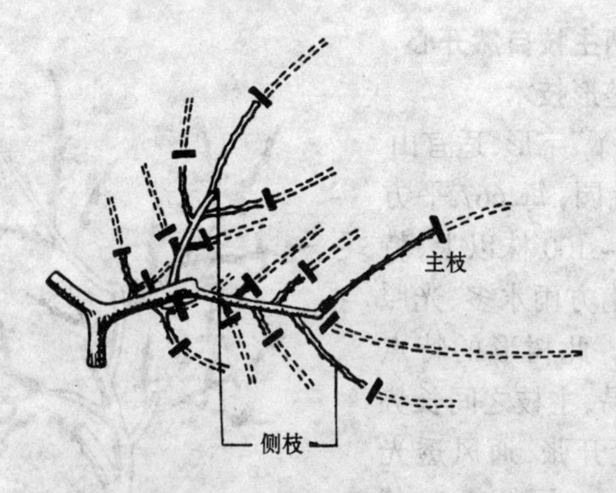

图 4-46　主枝折线式延伸

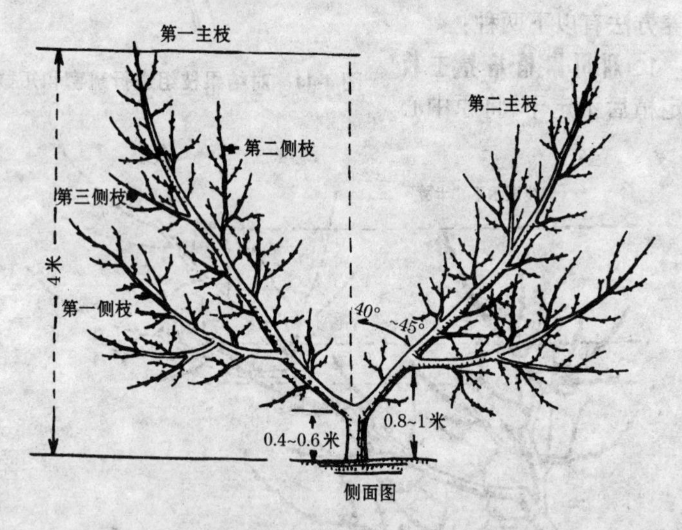

图 4-47　两主枝自然开心形侧视图

方适当部位，选择粗度、方向合适的副梢，将其培养成第二主枝(图 4 - 49)。

两主枝培养成后，依靠其主枝的生长量和开张角度的调节，使其生长势均衡。侧枝的配置，一般在距地面约 80 厘米处培养第一

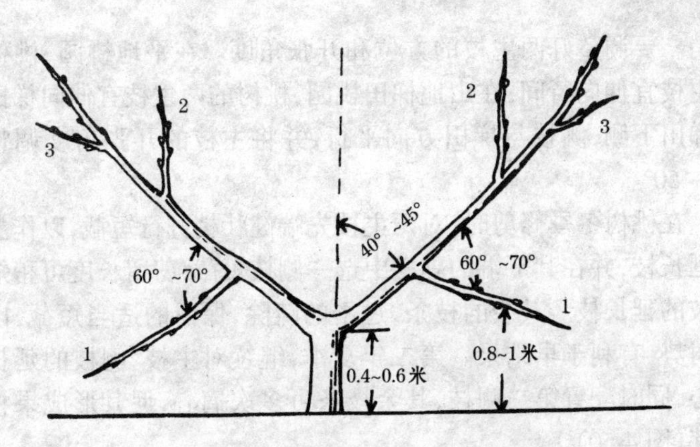

图 4-48 两主枝自然开心形的整形模式

1. 第一侧枝 2. 第二侧枝 3. 第三侧枝

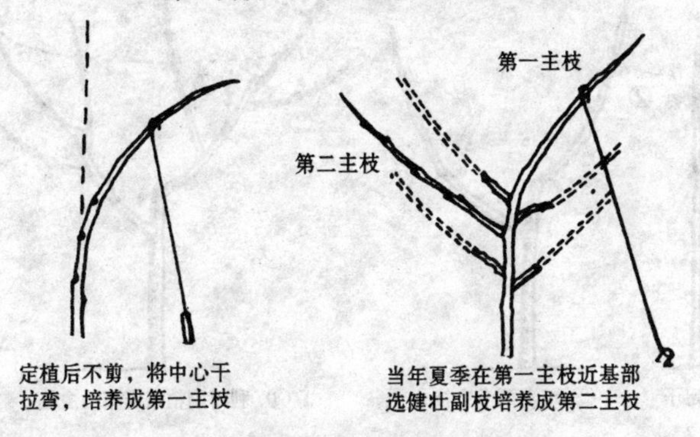

图 4-49 两主枝开心形培养方法之一

侧枝，在距第一侧枝40～60厘米处培养第二侧枝，两个侧枝的方向要错开。主枝的开张角度，应与树冠中心垂直线成45°，侧枝的角度为 60° 左右。

2. 定干后培养主枝 幼苗定植后，在距地面 45～60 厘米处短截定干在剪口下15～30厘米范围内，需有良好的饱满芽作整形带。在整形带内的芽萌发出枝条后，选两个错落着生、生长势均衡、左右伸向行间的新梢，将其培养成主枝，并及时摘心，促其发生副梢。要调整好两主枝的方位和开张角度。在平地桃园,桃树的两主枝宜伸向行间;在山地梯田桃园,桃树的两主枝宜伸向梯田壁和梯田下侧,侧枝与梯田方向平行,并将主枝的开张角度调整成40°~50°。

在桃树冬季修剪时,对两主枝先端健壮梢进行短截,以作主枝的延长枝,并在其下端的副梢中选一侧枝短截,剪留长度可稍短于主枝的延长枝。其余的枝条,过密的疏除,保留的适当短截,以缓和树势,有利于早结果。第二年夏季,继续对主枝、侧枝的延长枝摘心,同时配置第二侧枝,其余枝条可多次摘心,促其形成果枝和花芽(图 4-50)。

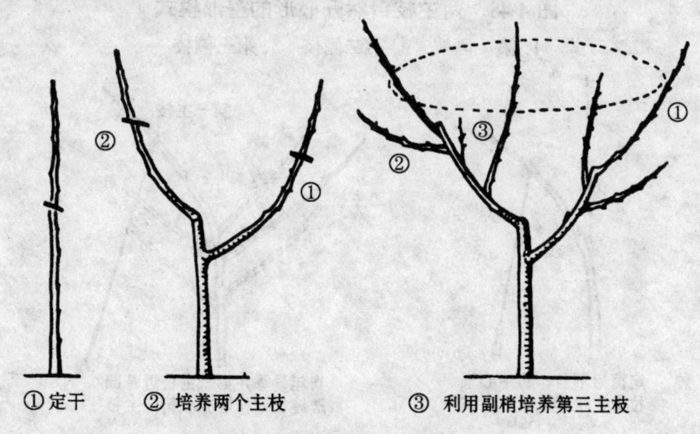

图 4-50 两主枝开心形培养方法之二

(三)自然杯状形的整形技术

自然杯状形的结构特点,是三股六杈,六杈以上不再分杈,而自然延伸。从主干上分生三个一级主枝,每个一级主枝上再培养1~2个二级主枝;培养一个二级主枝的是单条独伸,培养两个二级主枝的是顶部平均分为两股杈,以后各枝逐年延伸(图 4-51)。在培养主枝的同时,再培养几个内侧枝、外侧枝和旁侧枝。外侧枝,分别着生在各级主枝的外侧;旁侧枝,为平侧,即与主枝的开张

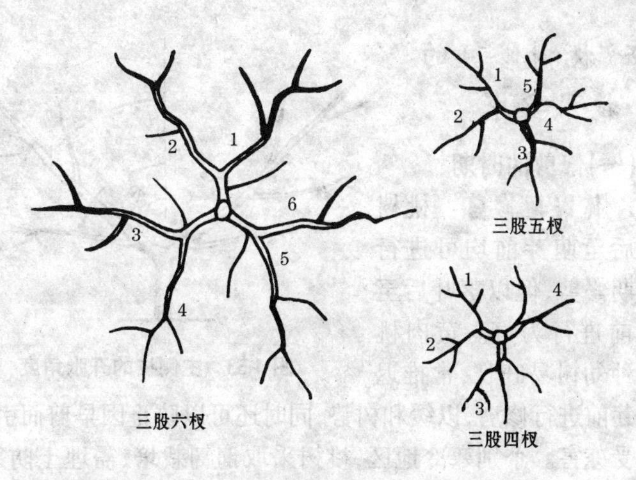

图 4-51 自然杯状形的骨干枝配置

1,2,3,4,5,6 表示二级主枝

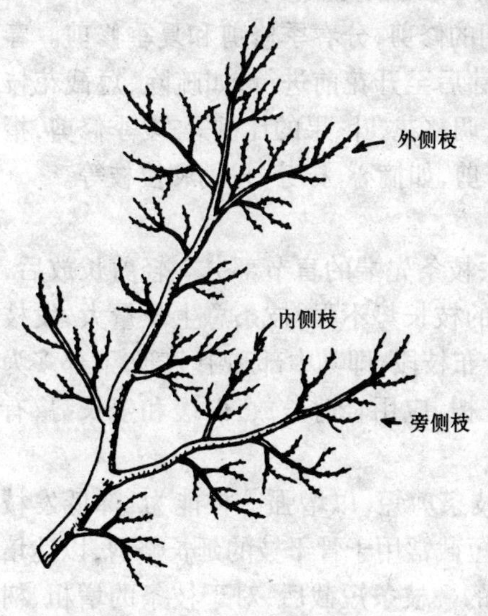

图 4-52 侧枝着生部位

角度一致;内侧枝,着生在主侧枝内侧,数目不等,有空就留,互不遮光(图4-52)。各主侧枝之间的距离,应保留在 1 米以上。各主侧枝上着生结果枝和结果枝组。各主侧枝的开张角度,主枝的开张角度以45°为宜,旁侧枝以70°~80°为宜(图4-53)。

自然杯状形的标准树形虽是三股六杈,但整形时也可灵活掌握,可用三股五杈或三股四杈等形。

五、桃树修剪的技术要求

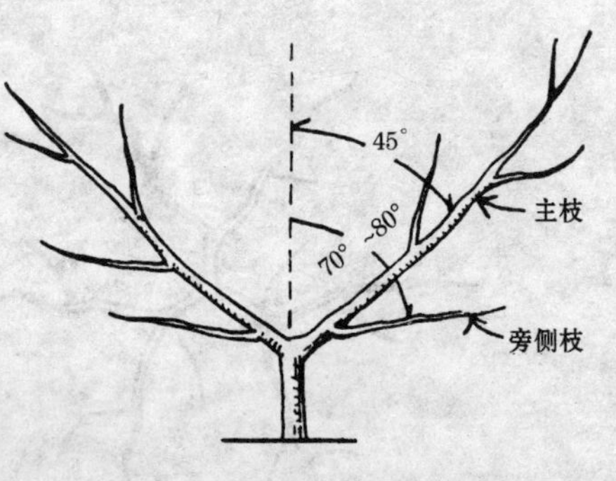

图 4-53　主侧枝的开张角度

(一)修剪的时期

1. 休眠期修剪　桃树落叶后至萌芽前均可进行休眠期修剪,但以落叶后至春节前进行为好。黄肉桃类品种幼树易旺长,常推迟到萌芽前进行修剪,以缓和树势,同时还可以防止因早剪而引起的花芽受冻害。个别寒冷地区,桃树采取匍匐栽培,需埋土防寒,则应在落叶后及时修剪,然后埋土越冬。在冬季冷凉、春季干旱的地区,幼树易出现"抽条",应在严寒之前完成修剪。

2. 生长期修剪　生长期的修剪,分春季修剪和夏季修剪。春季修剪又称花前修剪,在萌芽后至开花前进行,如疏除、短截花枝和枯枝,回缩辅养枝和枝组,调整花、叶、果的比例等;夏季修剪,指开花后的整个生长季节的修剪,如摘心、抹芽、扭梢和拉枝等。

(二)修剪的方法

1. 轻剪长放　轻微剪去枝条先端的盲节部分。轻剪长放后,发芽率和成枝率高,但所发的枝长势不强,枝条总生长量大,发枝部位多集中在枝条饱满芽分布枝段,即其中部和中上部,下部多为短枝或叶丛枝。对幼树和旺树,应用轻剪长放,以缓和生长势,有利于提早结果。

2. 短截　短截就是把枝条剪短,以增强分枝能力,降低发枝部位,增强新梢的生长势。短截常用于骨干枝的延长修剪,以达培养结果枝组,更新复壮等目的。枝条短截后,对于枝条的增粗、树冠的扩大以及根系的生长,均有抑制和削弱的作用。短截还有另外一种作用,就是短截后改变枝条顶端优势,调整营养和水分的分配,相对地提高枝芽的营养水平,因而对剪口下附近的芽有局部促进生长的作用,如促进芽萌发,促进新梢生长。这种作用,随芽与剪口距离的加大而减弱。

根据短截的不同程度,又分短截、中短截、重短截和极重短截。

(1)中短截 剪去一年生枝全长的1/2。次年萌发的新梢一般生长势较弱。

(2)重中短截 剪去一年生枝全长的2/3。次年能萌发几条生长势强的新梢。此法多用于徒长性结果枝、徒长枝作主枝或侧枝的延长枝的修剪上。

(3)重短截 剪去一年生枝全长的3/4或4/5。次年能萌发出几条生长强旺的枝条。此法常用于发育枝作骨干枝的延长枝修剪上。

(4)极重短截 剪去一年生枝的绝大部分,仅留基部1~2个芽。常用于长果枝的更新培养(图4-54)。

3. 疏剪 又叫疏枝。将枝条从基部完全疏除掉。疏剪可使枝条疏密适度,枝条分布均匀,改善树冠的通风透光条件,增强枝梢的发育能力和花芽的分化能力。疏枝往往对其下部枝有促进作用,对上部枝有抑制作用。疏的枝越粗,伤口越大,这种作用越明显(图4-55)。疏枝是减少树的枝叶量,疏枝过重会明显削弱全枝或全株的长势。疏剪常用于过密枝、过弱枝的疏除,或平衡树势和调整枝叶量时应用。

4. 缩剪 是对多年生枝的短截,通常只剪去2~3年生枝段。对被剪的枝刺激较重。若剪留下的枝较粗壮,剪口枝较强,可促进枝条的长势,并使近剪口的叶丛枝萌发出较强的中长枝。若缩剪时剪除部分过大,留下部分过弱,剪口枝也弱,这样对母枝的抑制严重,甚至使其被堵死。所以,利用缩剪方法对桃树进行更新复壮时,一定要慎重(图4-56)。

5. 抹芽 在叶簇期(北京4月下旬至5月上旬)抹除双芽留单

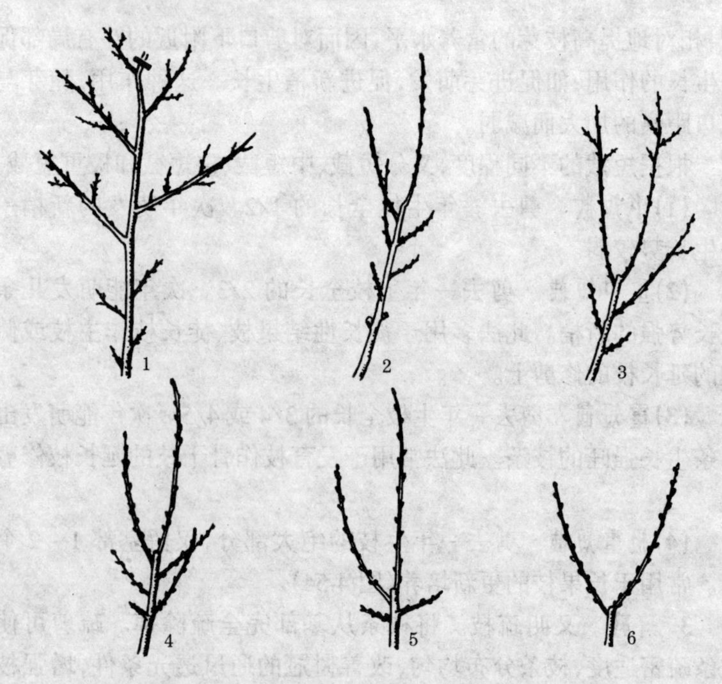

图 4-54　桃枝条不同程度修剪后的反应

1. 轻剪，剪去顶尖盲节部分　2. 剪去 1/2　3. 剪去 2/3
4. 剪去 3/4～4/5　5. 剪去 4/5 以上　6. 基部留 2 个叶芽

芽，并按整形要求调节剪口芽的方向和角度；抹除剪锯口附近或幼树主干上发出的无用枝芽(图 4-57)。

6. 除萌　采取这种修剪方法，主要是及时除去主干基部抽生的萌蘖，以节约养分(图 4-58)。

7. 摘心　将枝条顶端的一小段嫩梢，连同嫩叶一起摘除。一般当新梢生长到 20～30 厘米时摘心。主要摘除主枝附近的竞争枝和内膛徒长枝等。一般在 4～5 月份进行。摘心可以改变营养分配方向，相对地提高枝条中下部营养，能促进枝条芽的充实、饱满，有助于花芽形成(图4-59)。

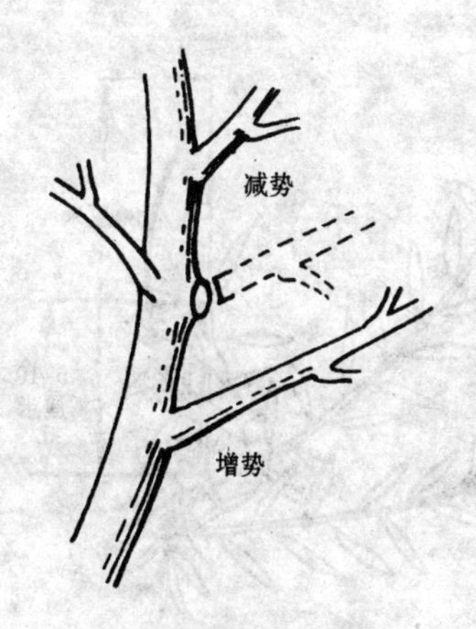

图 4-55　疏枝后对留枝的增减势影响

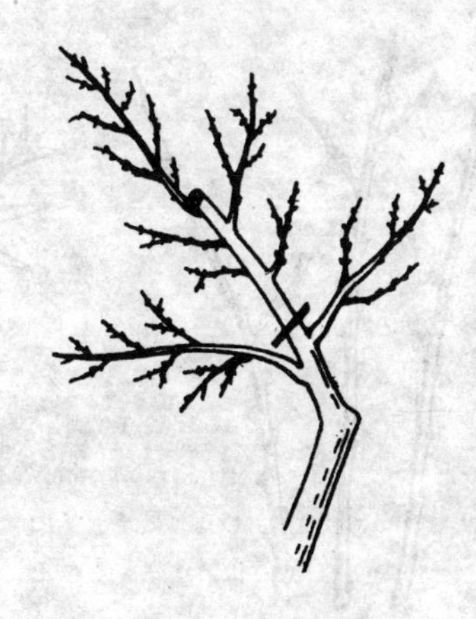

图 4-56　缩剪示意

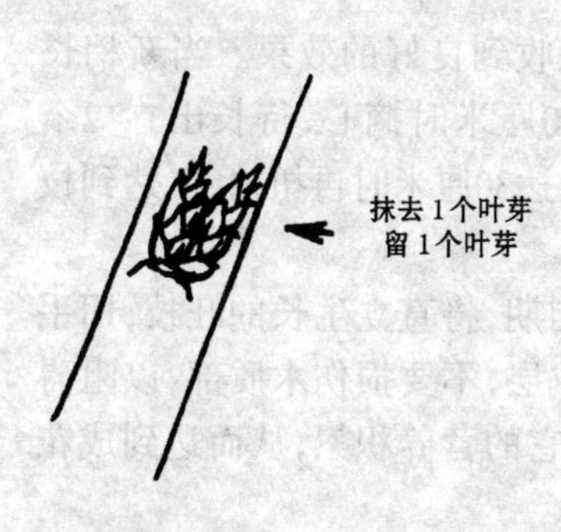

图 4-57　抹　芽

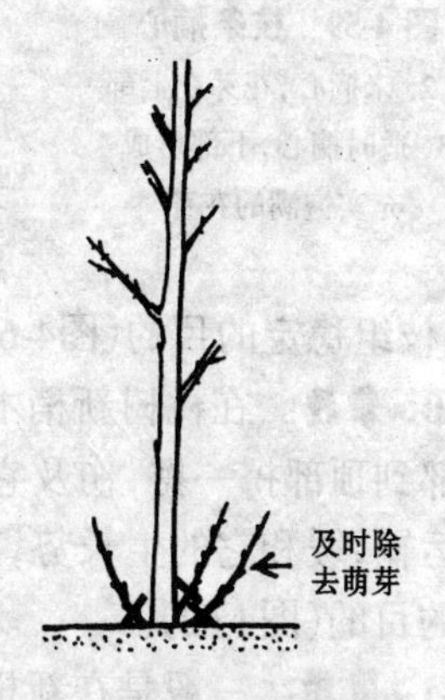

图 4-58　除　萌

8. 扭梢　将枝条稍微扭伤，拉平，以缓和生长势，有利于结果。常用于徒长枝或其它旺枝，扭转90°角，使其转化为结果枝；或处理主枝延长枝的竞争枝、树冠上部的背上枝、冬季短截的徒长枝和剪去大枝剪口旁所生的强枝，以抑制生长势（图 4-60）。

9. 摘心和扭梢相结合　有些桃树的徒长枝，只靠一次扭梢，常常形不成理想的枝组。对它需采取先摘心与后扭梢相结合的措

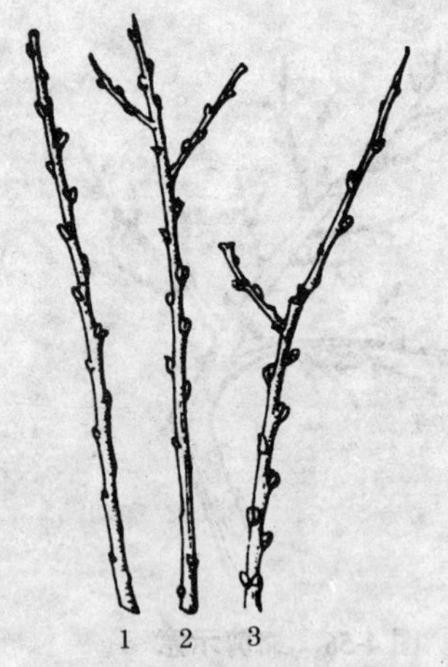

图 4-59　枝条摘心

1,2. 未摘心,花芽在上部
3. 适时摘心,下部形成
充实饱满的花芽

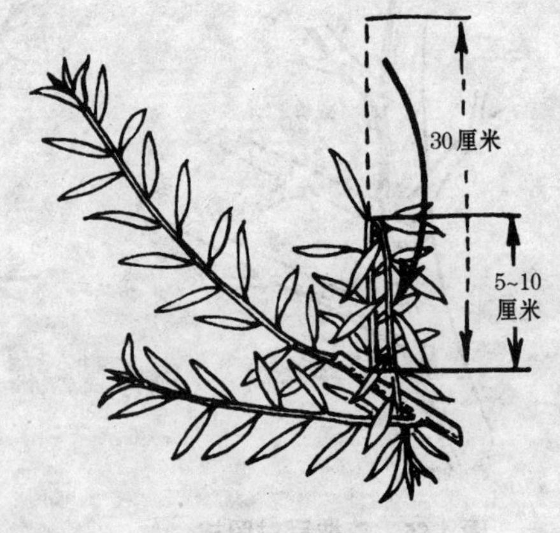

图 4-60　扭　梢

施,才能收到良好的效果。当新梢长到20～30厘米时摘心,待长出1～2个副梢,长达30厘米时再扭梢,以达到枝量多、枝组稳定的目的(图4-61)。

10. 拿枝　在桃树新梢木质化初期,将直立生长的旺枝,用手从基部到顶部捋一捋,伤及它的形成层,不要损伤木质部,以阻碍养分运输,缓和它的生长势,有利于它的营养积累,从而达到成花结果的目的(图4-62)。

11. 剪梢　一般是在新梢生长过旺,不便再进行摘心,或错过了摘心时间的旺枝,可通过剪梢来弥补。其目的和效果大体与摘心相似。剪梢时间一般在 5 月下旬至 6 月初。剪梢过晚,则抽生的副梢形成花芽不良。剪留长度以3～5 个芽为宜(图 4-63)。

12. 拉枝　拉枝是对直立性强、角度小的骨干枝,采取的一种开角方法。对幼旺桃树进行拉枝,可以缓和它的树势,使它提早结果。拉枝也是防止桃树下部光秃的重要措施。在雨水多、光照差

图 4-61 先摘心后扭梢

图 4-62 拿 枝

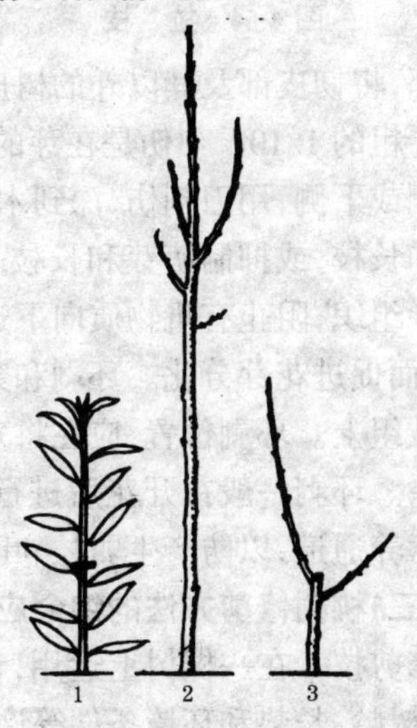

图 4-63 生长期剪去徒长性新梢

1. 重剪 2. 不重剪的徒长枝 3. 重剪者分枝良好

图4-64　拉　枝

的地区，拉枝角度要大，可将侧枝、大枝拉成70°～80°角；雨水少、光照强的地区，可拉成60°角左右。拉枝一般在6～7月份进行。此时树液流动旺盛，枝条较软。对1～2年生的主枝，不要过早拉开，以免削弱新梢生长势，影响主枝的形成。对三年生以上的大枝，拉枝可提前在5～6月份进行(图4-64)。

13. 环剥与刻伤　在枝干基部，将韧皮部及其以外的树皮剥去一圈，叫做环剥。其宽度约为枝干粗的1/10。刻伤是在芽的上方或下方，或在着生枝条部位的上侧或下侧，用刀刻伤，深到木质部，切断局部的营养运输，促进萌芽和长枝，或抑制萌芽和长枝。其作用主要是暂时切断韧皮部的输导组织，阻止有机物质向下运输，增加枝干部碳水化合物的积累，从而促进花芽分化。环剥和刻伤，一般用于辅养枝及直立性强的大枝组上。环剥位置，应在将来预备回缩的位置上，待结果后回缩剪除。环剥一般在开花后进行。环剥最好不剥通，保留一定宽度的营养通道，以防产生弱枝、叶黄和落果现象(图4-65)。

(三)桃树修剪方法的综合应用

修剪技术在一棵树上运用，都是综合应用的。修剪技术要受品种、树龄、长势和环境条件等许多因素的制约。

1. 主侧枝角度的开张　为使主侧枝角度开张合理，对直立主侧枝的延长枝修剪时，剪口芽应留外芽，或利用背后枝换头，加大主侧枝的开张角度(图4-66)。如果把骨干枝拉成近80°角，被拉枝下部能抽生枝条，减少下部出现空虚光秃现象。拉枝不能拉成

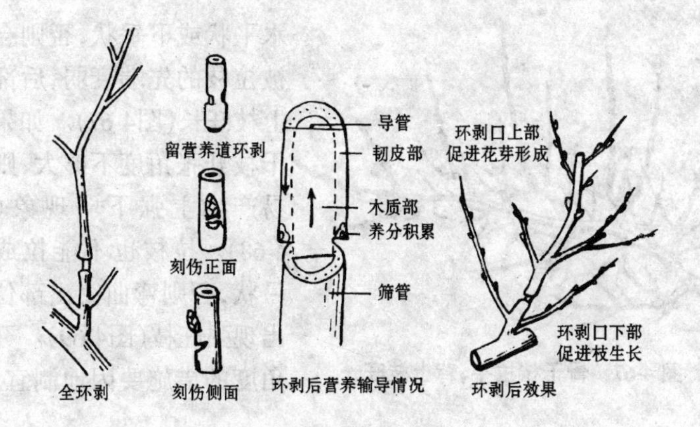

图 4-65 环剥与刻伤

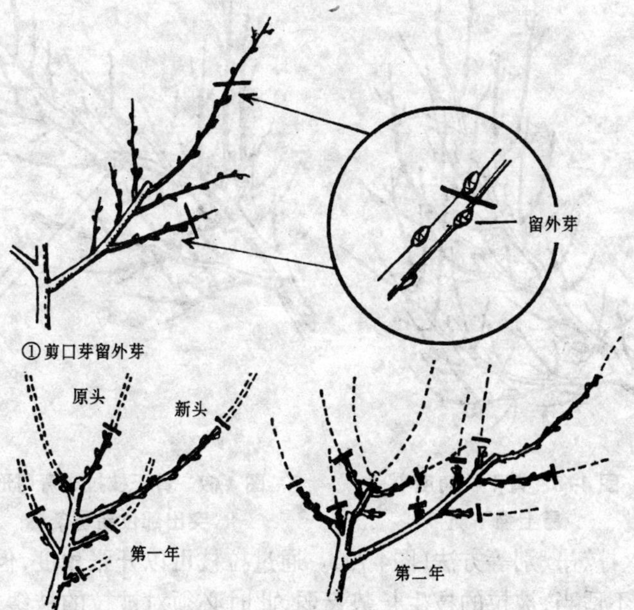

图 4-66 剪口留外芽和利用背后枝换头

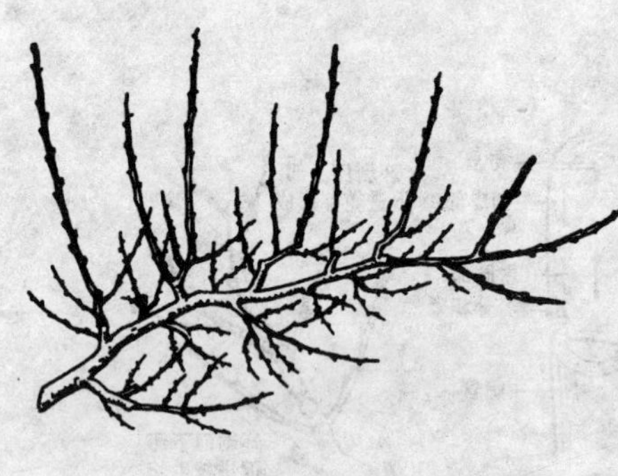

图 4-67　骨干枝拉平，背上枝旺长

水平状或下垂状，否则会使被拉枝的先端衰弱，后部背上枝旺长(图4-67)。如果骨干枝开张角度不够大，则容易产生上强下弱现象(图4-68)。拉枝也不能拉成弯弓状，否则弯曲突出部位易出现强旺枝(图4-69)。开张角度的措施要因地制宜，可

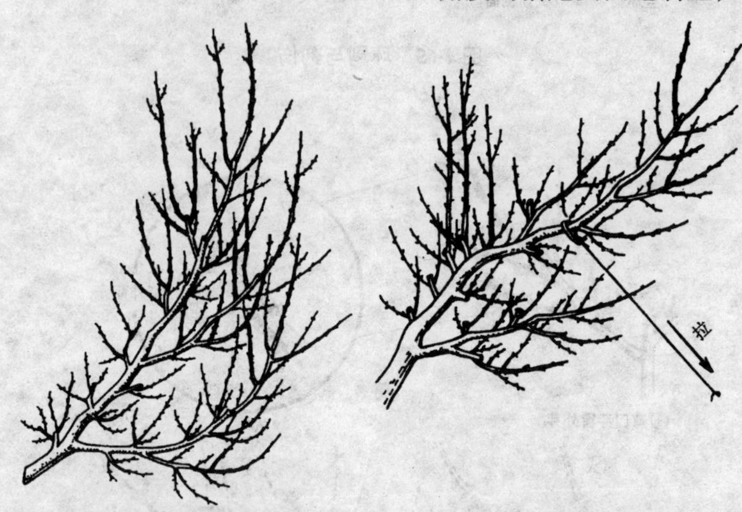

图 4-68　骨干枝角度小易上强下弱

图 4-69　骨干枝拉成弯弓形突出部位易冒条

用拉、撑、吊、别等方法(图4-70)。通过拉枝可以开张角度，但有时拉枝不适当，被拉的枝生长势衰弱，此时必须对被拉的枝缓放，增加枝叶量，以加强其生长势(图4-71)。如果主枝很直立，而侧枝的生长势很弱，可将侧枝分杈处以上的枝全部剪除，促使剪口附近重

新发生新枝，形成新的主枝延长枝，这样可以促进侧枝转旺（图4-72）。

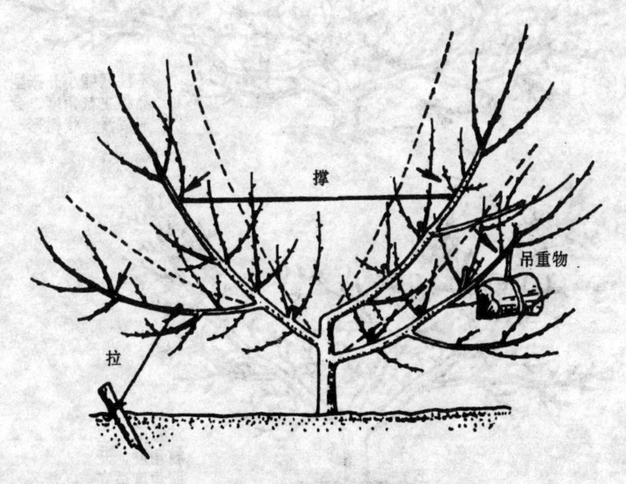

图 4-70　开张角度的方法

2. 各种结果枝的修剪　桃树的结果枝，有长果枝、中果枝、短果枝、花束状果枝和徒长性果枝等。但主要结果部位为长、中、短果枝。对结果枝的剪留长度和密度，应根据品种、坐果率的高低、枝条的长势和着生部位的不同而有差别。一般成枝强、坐果率低的粗枝条，向上斜生或幼年树平生枝，应留长些；成枝弱的品种，坐果率高的细枝或下垂枝，应留短些。

(1) 长果枝的修剪　桃树主要结果部位是长果枝，长果枝一般先端不充实，而中部充实，且多复花芽。修剪时，将长果枝先端不充实部分剪除，保留20～30厘米长。注意剪口芽留外芽。生长弱的长果枝可以重短截；生长偏强、花芽着生部位偏上的长果枝，应轻短截；对加工用黄肉桃类的长果枝，应适当留长些。老年树应适当留部分直立枝。密生的长果枝应疏除一些直立枝和下垂枝。疏除时，不要紧靠基部剪，可留2～3 个芽短截，刺激其再发新的预备

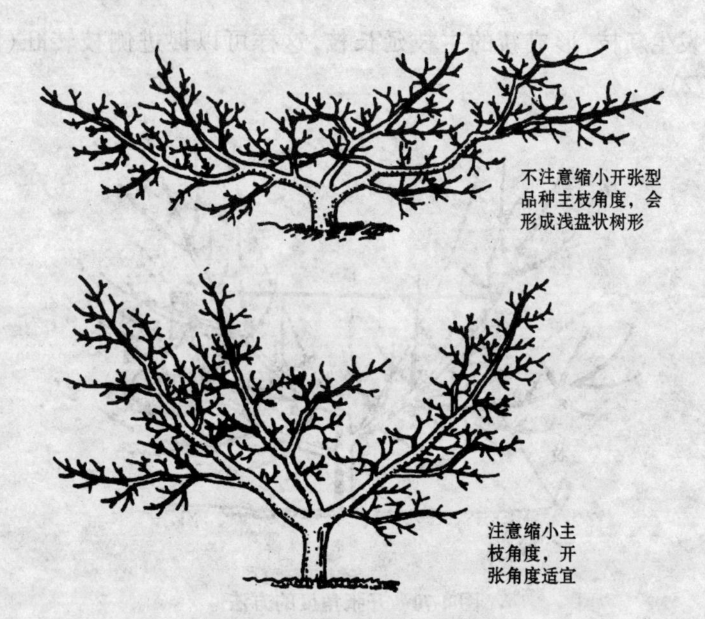

图 4-71　调整主枝的开张角度

枝或果枝。

(2)中果枝的修剪　中果枝的剪法与长果枝相同,但剪留长度稍短些,剪口芽留外芽。

(3)短果枝的修剪　短果枝剪留的长度要更短些。但剪口下必须有叶芽,无叶芽不要短截。短果枝过密时,可部分疏除,基部留1~2个芽,作预备枝。疏除时要选留枝条粗壮、花芽肥大者。短果枝一般只留一个果,因此,要适当多保留短果枝。

(4)花束状果枝的修剪　一般不短截,过密时可疏除。

(5)徒长性果枝的修剪　一般不用其结果。此枝因多着生在内膛或靠近顶部,而且枝的下部又多为叶芽,只是上部才有少数花芽,所以常用其改造成枝组或更新用。

3. 培养更新枝　盛果期树为了使结果枝和结果枝组延年结果,应多留预备枝。

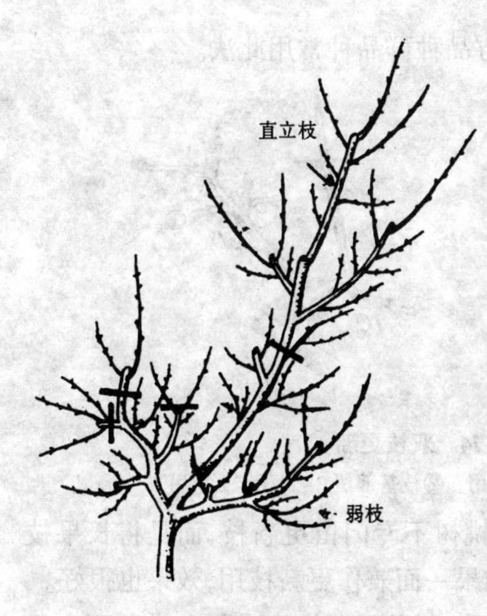

图 4-72　直立性主枝的延长枝应控上促下

(1)单枝更新　将长果枝适当轻剪缓放,先端结果后枝条下垂,基部芽位高,抽生新枝。修剪时回缩到新枝处,并将更新枝短截(图 4-73)。另一种方法是将长、中果枝剪留 3~4 个花芽,使之结果又发新枝。这种方法是当前生产上对南方品种群品种和幼树广为应用的方法。简单地说,就是在一个枝上长出来又剪回去,每年利用靠近基部的新梢进行更新。

(2)双枝更新　就是在

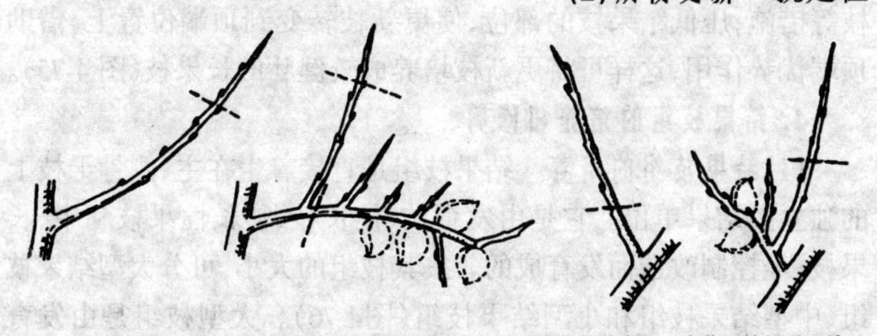

图 4-73　单枝更新

同一母枝上,在近基部选两个相邻的结果枝,对上部枝适当长放,当年结果;对下部枝仅留基部2~3个芽短截,作为更新枝,抽生两个结果枝。到秋季完成结果任务以后,冬剪时将结果的上枝疏除,下枝形成两个结果枝。每年将上下两枝作结果和更新枝的剪法,叫双枝更新(图4-74)。对北方品种群品种常用此法。

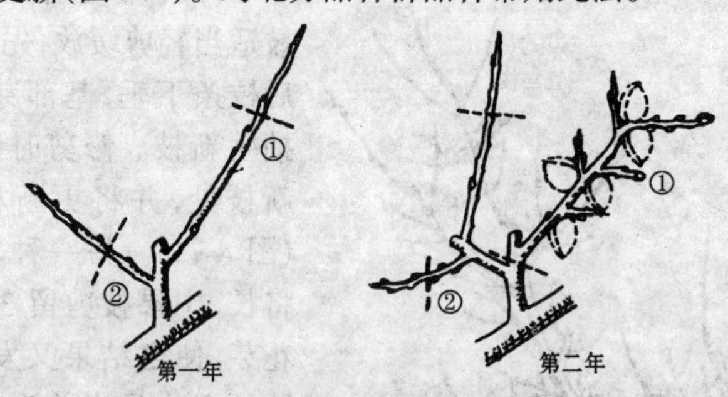

图 4-74 双枝更新

①枝适当短截,作结果用 ②枝基部留 2~3 芽作更新用

在北京、大连等地区,对桃树不专门留更新枝,而是将长果枝短截,留 15~20 厘米,一面结果一面兼作更新枝用,效果也很好。

有时连续双枝更新几年后,由于顶端优势减弱和光照不充足等原因,更新枝不够强壮。如果在双枝更新的同时,配合扭梢和曲枝等措施,压低结果枝的部位,使更新枝转变到顶端位置上,借助顶端优势作用,这样可将更新枝培养成较健壮的长果枝(图 4-75)。

4. 结果枝组的培养和修剪

(1)结果枝组的培养 结果枝组是直接着生在主、侧骨干枝上的独立的结果单位。它是由发育枝、徒长枝、徒长性果枝和中、长果枝,经控制改造而发育成的。按其枝组的大小,可分大型结果枝组、中型结果枝组和小型结果枝组(图4-76)。大型枝组是由发育枝、徒长枝和徒长性果枝培养而成,它的数量多,所占空间大,寿命也较长。中型枝组多由徒长枝和徒长性果枝培养而成,生长状况介于大小枝组之间。大、中型枝组是桃树的主要结果部位。小型枝组多由长、中果枝培养而成,枝量少,占据空间小,结果 3~5 年后便枯死。

大、中型枝组的培养方法是,选择在骨干枝上着生部位适宜的

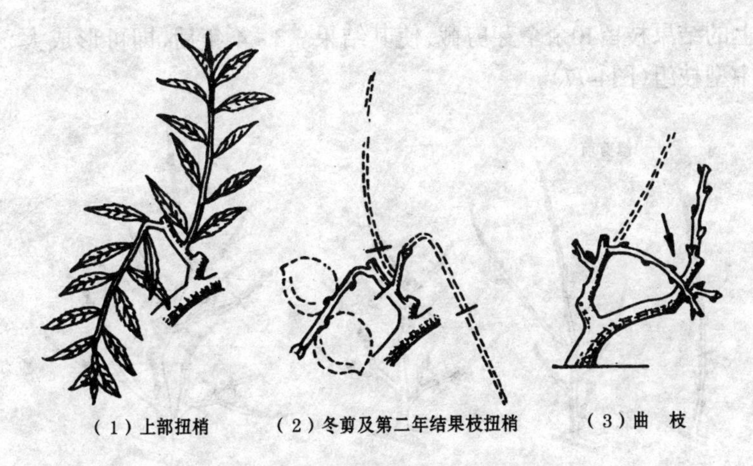

图 4-75 双枝更新结合扭梢、曲枝

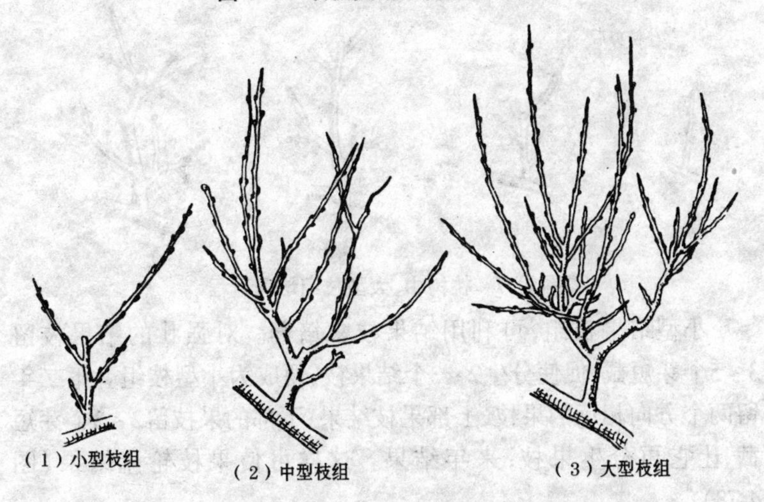

图 4-76 桃树的结果枝组

发育枝、徒长枝或徒长性果枝重短截，留 20～30 厘米长，促使分生 5～6 个枝条。第二年去直留斜，改变其延伸方向。一般留 2～3 个枝条，再重短截。以后对延长枝重短截，使其向两侧生长，对其上的结果枝留10余个芽剪截,使其结果。3~4 年后,即可形成大、中型枝组(图4-77)。

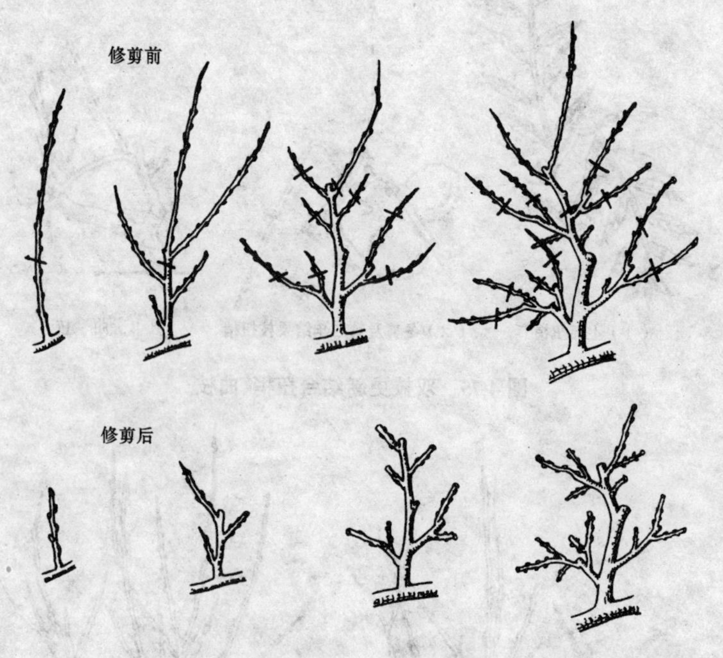

图 4-77　桃树中、大型枝组培养过程

小型结果枝组,可利用结果枝来培养。对强壮的结果枝留3~5个芽短截,促使分生2~3个结果枝,便成为小型枝组。第二年留两个方向相反的果枝,上部果枝结果;下部的果枝留2~3个芽短截,让它再分生果枝,来年结果。这样可使果枝轮流结果(图4-78)。

在整形修剪过程中,从幼树开始就应有计划地培养好大、中、小型枝组。枝组配置合理,不但是高产稳产的重要环节,同时也是防止主侧枝秃裸的重要手段。通常大、中型枝组交错着生,小型枝组插空选留。随着树冠的扩大,小型枝组结果后逐渐衰弱干枯,大型枝组能够补充小型枝组的空间。桃树的大型枝组应主要排列在骨干枝背上两侧，枝组之间保持70～80厘米的距离。桃树的中型枝组，主要排列在骨干枝的两侧，或大型枝组之间，以互不干扰、通风透光良好为原则(图4-79)。

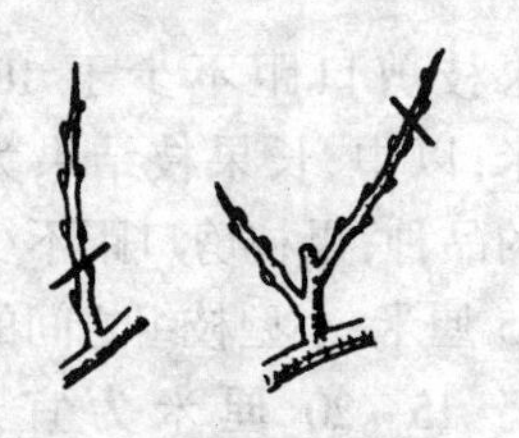

图4-78 桃树小型结果枝组培养过程

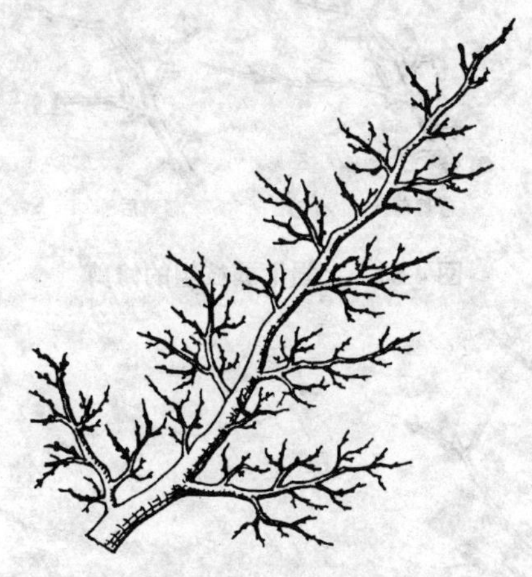

图4-79 结果枝组的排列配置

(2)结果枝组的修剪 对着生在骨干枝上的枝组，要依不同情况采取不同的修剪措施。对枝组着生空间较大者，对枝组上的各分枝，可选留强枝带头，继续扩大树冠。对无发展空间的，可缩剪，以弱枝带头，控制扩大生长，保持在一定范围内结果。生长势过强的，可剪去强枝，留中庸枝，以抑制生长。生长势弱的，可重回缩，促生强枝(图4-80，图4-81)。

对桃树枝组进行修剪的主要任务是果枝剪截。剪截果枝时，既要考虑疏除过多的花芽，又要考虑发枝能力，留好预备枝。以长、中果枝结果为主的南方品种群品种，多用短截。长果枝一般留10余个花芽；中果枝留5～7个花芽；短果枝不剪或中部有叶芽的留2～3个花芽，并在叶芽处短截；花束状果枝不剪，过密者可疏除。以短果枝结果为主的品种群品种，多用轻剪长放或少短截的方式，以疏枝为主。对长放的结果枝，应控制结果量，以调节其长势，适时更新回缩。

枝组修剪时，要注意果枝的密度。以短果枝结果为主的品种，果枝剪口距不少于10厘米；以中、长果枝结果为主的品种，果枝剪口距不少于15厘米；小型枝组之间的距离15~20厘米为宜（图4-82）。

5. 徒长枝的修剪 不能利用的徒长枝应及早从基部剪除，以免消耗养分。处于空隙的徒长枝，可利用改造，培养成结果枝组。其方法是：当徒长枝15~20厘

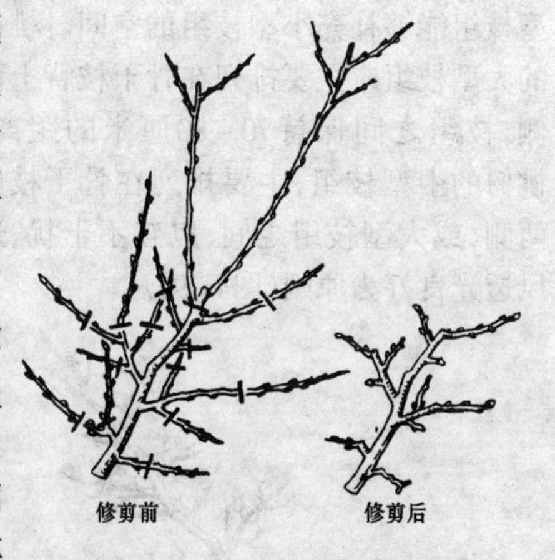

图4-80 上强下弱枝组的修剪

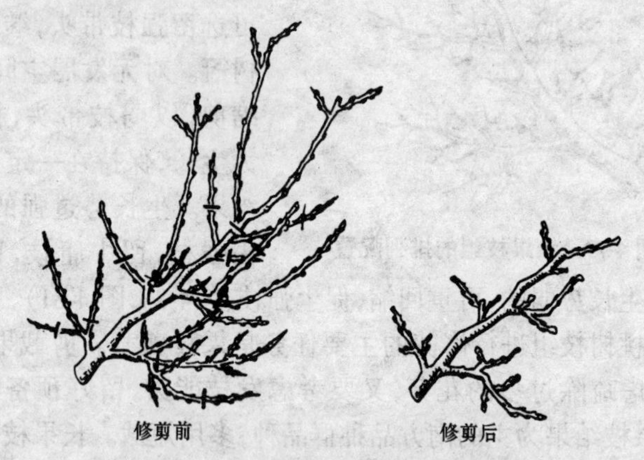

图4-81 强旺枝组的修剪

米时，留5~6片叶摘心，促发2次枝，以形成良好的结果枝。如未能及时摘心，可在冬剪时留15~20厘米重短截，剪口下留1~2个芽，翌年仍抽生徒长枝，可于6月份摘心。如又未及时摘心，冬剪时可把顶端1~3个旺枝剪掉，下部枝就会形成良好的结果枝组（图4-83）。

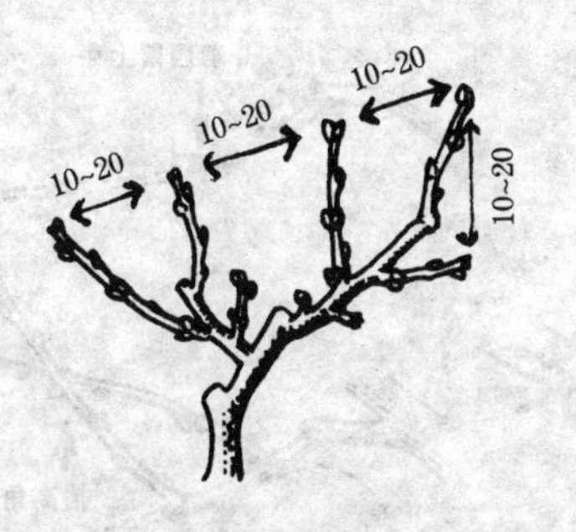

图 4-82 果枝的剪口距离 （单位:厘米）

6. 下垂枝的修剪 以短果枝结果为主的品种，对选留的长枝连续缓放几年以后，就会形成下垂枝组，对这样的枝组应从基部1～2个短枝处回缩，促使短枝复壮，萌发长枝而更新(图4-84)。有些幼树利用下垂枝结 1～2 年果后，冬剪时

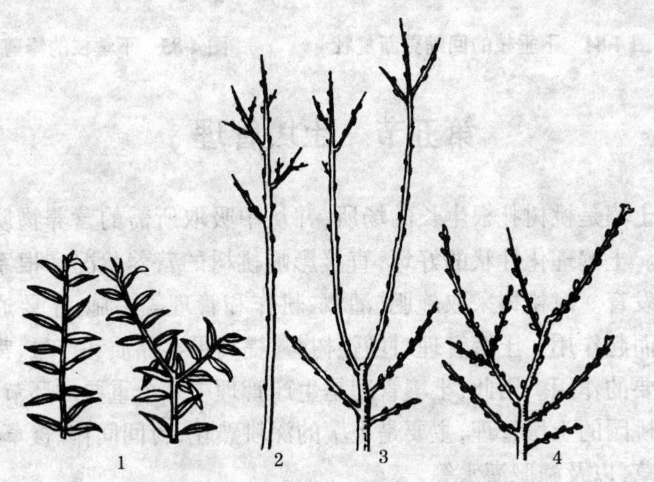

图 4-83 徒长枝的修剪

1. 徒长枝留 5～6 叶摘心，促发二次枝 2. 徒长枝未摘心 3. 重摘心促使结果 4. 连续摘心促使结果

对剪口芽留上芽，抬高角度，一般剪留 10～20 厘米(图 4-85)。

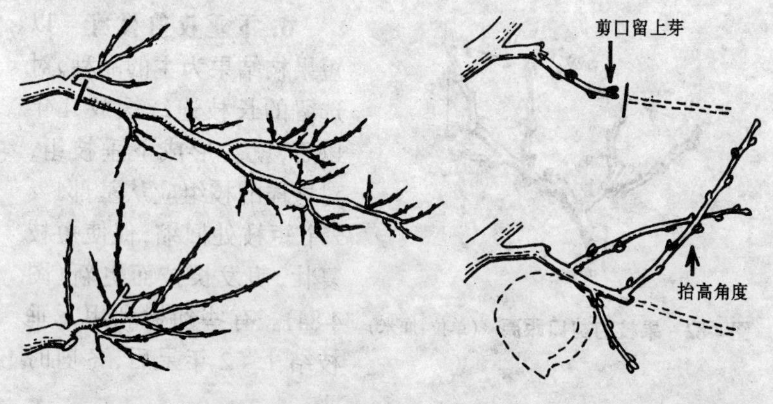

图 4-84　下垂枝的回缩更新复壮　　　　图 4-85　下垂枝的修剪

第五节　土壤管理

土壤是桃树扎根生长的场所,并从中吸取所需的营养物质和水分。土壤理化性状的好坏,直接影响桃树的营养状况和根系的生长发育。对桃树采取施肥、灌溉、耕作和管理等措施,主要通过土壤而起作用。土壤管理对增强树势、提高果实品质和产量,都起着重要的作用。因此,土壤管理是生产管理中一个重要的环节。

桃园的土壤管理,主要是土壤的深耕熟化,行间间作、覆草、中耕除草,以及施肥灌水等。

一、深翻改土

(一)深翻改土的好处

深翻对改良土壤的性状,特别是改良深层土壤的理化性状,效果更为显著。深翻的土壤,其孔隙度增加,透水性和保水性能增强。深翻后,土壤中的空气条件和水分的改善,有利于微生物的繁衍和活动,提高土壤的熟化程度,可促使难溶的营养物质转化为可溶性养分,提高土壤的肥力。

深翻土壤后,由于深层土壤理化性状的改善,为桃树根系生长创造了良好的环境条件。因此,在深翻的土壤中,根系分布层加深,水平分布扩大,根量明显增加,促进地上部生长健壮,枝芽充实,果品质量和产量提高。

(二)深翻改土的时期

深翻有秋翻和春翻之分。我国大部分地区以秋季深翻为主,即在果实采收后至落叶前(9~11月份),结合施肥灌水进行。此期,桃树地上部生长缓慢,营养物质消耗减少,并已开始回流积累,对因深翻造成的伤根容易愈合,并且易于发生新根,吸收桃树叶片光合作用形成的营养物质,在树体内积累,从而有利于桃树第二年的生长发育。

深翻后结合灌水,有利于松土与根系结合,促进根系生长。深翻后,土壤深层与表层倒位,经过冬季促进土壤分化,同时也有助于积雪保墒。所以,秋季是深翻的较好时期。

(三)耕翻土壤的深度

这与地区、土壤质地和砧木品种有关。一般桃的根系分布层在50厘米左右。在江苏无锡水稻田中,桃的根系分布在4~15厘米,而武功的粉砂壤土根深可达276厘米。因此,总的说,深翻时,砂质土宜浅,黏重土应深些;地下水位低,土层厚的砧木根系深品种,宜深翻;反之,则宜浅。大致上说,应在20~60厘米深,树干附近应浅,向外逐渐加深。北方有冻害的地区,还应在树干周围适当培土,以保护根颈,减少冻害。

二、桃园间作

幼年桃树树冠小,空地较多。为增加收益,可以适当种植间作物。合理的间作,既能充分利用土地和光能,又有利于增加土壤有机物,改良土壤的理化性状。间作物覆盖地面,还有抑制杂草生长，减少地面水土流失和水分蒸发，缩小地表温度变化幅度，改善生态条件，有利于果树的生长发育。

适宜的间作物，应是生长期短，消耗肥、水较少，并且需肥水期与桃树错开，病虫害少及病虫害中间寄主的矮秆作物。常用的作物有花生和大豆等豆科作物，以及矮秆谷子等禾本科作物与瓜菜类等。

总之，因地制宜选择优良间作物，达到桃、粮或桃、菜都收益，并且不影响长远的桃树生长。种植间作物时，应增加施肥，以满足间作物生长所需。间作物应进行轮作换茬。

成年桃园树冠已占满全园，成为郁闭状态，大多不再种植间作物，但行间大的桃园也可因地制宜地种植耐阴的作物，如中草药和一些耐阴蔬菜。

三、中耕除草

不种植间作物的桃园，为使园内土壤疏松，不生杂草，减少地面水分蒸发，一般在桃树生长季内均需进行中耕除草。中耕常在灌水后进行，可防土壤水分蒸发，改善土壤空气状况，促进微生物活动，加速有机质分解，有利于根系的生长和吸收养分。但此法不能增加土壤的有机质含量，长期应用对土壤结构有所破坏。同时用工多，加大了生产开支。

四、覆　草

这是在桃树树冠下或株间，覆以秸秆、杂草等，以收到减少地表蒸发、抑制杂草生长和降低地表温度变化幅度等效果。同时，覆草腐烂后翻入土中，能增加土壤中的有机质，改善土壤理化性状，促进微生物活动，增强土壤的通透性和保水性，有利于营养物质的转化，增进根系的生长和吸收功能。

覆草，一年四季都可进行。冬季覆草对保墒蓄水和稳定土壤湿度，有利于幼树安全越冬，减少抽条。若覆杂草，则所用杂草应在结籽之前刈割。

覆草的厚度，一般干草为20厘米，鲜草为40厘米左右。厚薄应均匀。冬季覆草应在草上压些土，以免被风吹跑。若长年覆草，不进行秋翻的，其桃园应每年添加覆草，使腐熟草的厚度保持在10～20厘米。

五、生草与种植绿肥作物

在桃园内不行除草，任杂草自然生长，或种植绿肥作物，都有助于改善土壤的理化状况，增加土壤有机质，改善土壤通透性和保水性，促进微生物活动，创造根系生长、吸收的良好条件，促使树体健壮，提高果品质量和产量的效果。坡地桃园生草或种植绿肥作物后，还可减少雨季的水土流失。

生草，应在草长到30厘米左右高时进行刈割，割后将草均匀地覆在桃园内。种植绿肥，应在花期或生长到30厘米左右高时刈割。因为此时刈割，既不影响桃树生长，便于田间管理，又是绿肥植物体内营养最多之时。割后的鲜草，既可以覆于桃园，亦可做饲料。

种植的绿肥作物，有草木樨、三叶草和苕子等，可因地制宜地选择。

采用生草或种绿肥的桃园，应增施肥料，以满足草类及绿肥作物生长的需要。经过较长时间，在土壤的肥力和结构得到改善后，才能减少施肥量。在生草和种植绿肥作物时，也会伴有病虫害的发生和潜伏，需要加强防治工作。总体而言，生草或种植绿肥作物，对改良土壤理化性状，提高土壤有机质含量和保肥、保水的能力，节省劳力和改善生态环境，提高果品质量和产量，都具有长远的意义，极具推广价值。

六、忌地栽培

忌地栽培，就是桃园的重茬。在老桃树砍伐后的短期内，栽种新桃树，常表现根生长不良，须根少，枝梢弱而短，叶色浅而薄，伴有枝干流胶，开花少，产量低等，有时会出现幼树死亡等现象。但也有个别桃园表现不明显。

重茬桃园出现上述现象，原因比较复杂，是世界各国普遍存在的问题，各国都在进行研究。目前较接近一致的认识是，桃根系中含有较多的扁桃苷（苦杏仁甙），在土壤内腐烂过程中分解产生有毒物质，危害新栽桃树根系的生长。也有的认为，是缺钙造成幼树死亡。总之，各桃园土壤条件和管理技术水平均有差异，重茬所导致的生长衰弱和死亡，其轻重程度也各不相同。这可能由多种因素综合作用的结果，还必须作具体的研究和分析。在生产上，为了获得桃树无公害生产的高额经济效益，要尽量避免重茬。

生产实践证明，如种植 1～2 年其它作物或改种苹果、梨等其它果树，对消除重茬的不良影响，都是有效的。若一定要重茬栽植桃树，或由于桃树寿命短与其它果树难以倒茬时，也可以采用挖大定植穴，彻底清除残根、晾坑、晒土、填入客土等方法，改变桃树根系生长的局部土壤环境，都有较好的效果。采用熏蒸剂进行土壤消毒等措施，亦能收到一定的效果。另外，加强重茬幼树的肥培管理，提高幼树的自身抵抗力，也是必须采取的有效措施之一。

第六节 营养及肥水管理

一、桃树对主要营养元素的需求

在氮、磷、钾三要素中，桃树对钾的需求量最大，对氮的需求量仅次于钾，对磷的需求量较少。

桃对氮素较为敏感。若对幼年树和初果期树施用氮肥过多，则常表现为新梢生长量大，有徒长的现象，使结果延迟，故应该注意适当控制。随着树龄的增长和产量的增加，氮肥的施用量也应增加，否则会使树势衰弱。

缺磷时，果实发暗，肉质疏松，味酸，果顶易腐烂，叶小，叶色淡，叶片上出现黄斑，易早期落叶；生理落果比较多，果实有时也有斑点或裂皮，含糖量下降。

钾肥对增加果个，提高含糖量，风味浓郁和色泽艳丽，均起着重要的作用。钾充足时，新梢生长健壮，果实大，含糖量高，风味浓，色泽鲜艳，生理落果少，产量高，花芽形成好；缺钾时首先表现为果实变小，含糖量降低，对色泽和风味均有不良影响。

桃树对氮、磷、钾吸收的比例，分别为 10∶3～4∶6～16。据研究，每产 1 千克鲜桃果需氮 1.52 克，磷 0.79 克，钾 3.64 克。

据对丰产桃园叶片的分析结果，丰产桃园叶片中氮、磷、钾的含量如表 4-2 所示。当各元素的含量低于表中低限的数值时，可能出现缺素症。

除氮、磷、钾大量元素外，微量元素（钙、镁、锌、铁、硼等）肥料对桃树生长也是必要的。微量元素缺乏，会引起桃的多种生理病害。有些果园微量元素缺乏，与土壤盐碱度高有关。

表 4-2 丰产园桃树叶片各元素的含量分析

元素	氮（%）	磷（%）	钾（%）	镁（%）	钙（%）	硫（毫克/千克）	铁（毫克/千克）	锰（毫克/千克）	硼（毫克/千克）	锌（毫克/千克）	铜（毫克/千克）
含量	2.5～3.36	0.15～0.30	1.25～3.00	0.25～0.54	1.9～2.5	100～150	124～152	20～142	20～80	15～30	10～11

二、主要营养元素对桃树的影响及其缺素症的防治方法

(一)氮

氮是蛋白质、叶绿素和氨基酸等的组成成分,有增大叶面积、提高光合作用和加强细胞分生组织生命力的功能。氮有利于根、枝、叶的生长,能提高坐果率,促进花芽分化及果实膨大。氮素的增产效应常常是通过增加枝叶生长,然后增加结果量来实现的。

桃树对氮素较为敏感,主要是新梢有明显的反应。桃树氮肥过多时,可引起枝叶徒长,妨碍枝条充实,造成过多落果,果实品质变劣,色泽差,裂果多,树体的抗寒力下降。氮素不足时,新梢生长短且细弱,叶片薄,叶色浅,甚至黄化,花芽少,品质差。

防止缺氮症的方法:可采用土壤追肥或叶面喷肥的办法来补充氮肥,也可于秋施基肥时补充一些氮肥。追肥补充氮,多在桃树生长的前期进行。

(二)磷

磷能增强桃树的生命力,促进花芽分化、果实发育和种子成熟,增进品质,提高根系的吸收能力,促进新根的发生和生长;还能增加束缚水含量,提高桃树的抗逆性。

磷肥过剩,会抑制氮素和钾素的吸收,引起生长不良。过剩的磷素还可使土壤中或植物体内的铁钝化,导致叶片黄化,产量降低,还能引起锌元素不足。磷元素集中分布在生命活动最旺盛的器官,幼叶中磷的含量高于老叶,幼梢高于新梢。

磷元素不足,桃树的叶片小,叶色由暗绿转为青铜色,叶脉带紫红色,严重时叶片呈紫红色,叶缘出现半月形的坏死斑,基部叶片早期脱落,花芽分化不良,并严重影响果实品质,抗寒、抗旱力降低。

防止缺磷症的方法:可于后期追施速效性磷肥(如磷酸二氢钾

或磷酸氢铵等),或者在秋季施基肥时,结合施一些缓效性磷肥,如过磷酸钙等。

(三)钾

适量的钾元素,可促进果实肥大和成熟,促进糖的转化和运输,提高果实品质和耐贮运性。

钾元素过剩时,果肉松软,耐贮性降低,枝条不充实,耐寒性降低;还能使镁的吸收受阻,导致发生缺镁症,并降低对钙的吸收。

钾元素不足时,叶片小,果实也小,易裂果,着色不良,果实含糖量低,味酸,熟前落果,降低果实产量和品质,新梢细;缺钾严重时,顶芽不发育,出现枯梢,新梢基部叶片呈青绿色,叶缘黄化,严重者发生褐色枯斑,叶缘常向上卷曲,落叶延迟,抗逆性下降。

防止缺钾的方法:可于后期追施钾肥(如硫酸钾、磷酸二氢钾等)或者秋施基肥时结合施入一些钾肥。

(四)钙

钙在桃树体内起着平衡生理活性的作用。钙素过多,土壤偏碱性而板结,使铁、锰、锌、硼等呈不溶状态,导致桃树缺素症的发生。

钙元素不足,顶部幼叶的叶尖、叶缘干枯,或幼叶沿中脉干枯;严重缺钙时,小枝中上部干枯,大量落叶,花朵萎缩。

防止缺钙的方法:可于桃树生长初期叶面喷洒 0.1% 硫酸钙溶液,连喷两年。

(五)镁

适量的镁元素可促进果实肥大。缺镁,叶绿素不能形成。具体症状表现是:首先,树冠顶部叶片轻微褪色;随后,当年生枝条的老叶或树冠下部叶片出现绿色水渍状斑点及紫红色坏死斑,水渍状斑转变为灰色或绿白色,然后,呈淡黄褐色至褐色,随之叶片脱落,或者较老叶片的叶缘出现褪绿。

防止缺镁的方法:砂土桃园尤其易缺镁,应长期防止缺镁。可施用硫酸镁,单株每年施用量因树龄大小而异,多者可达1千克。酸性土壤可施用生石灰,也可叶面喷洒0.3%硫酸镁溶液。

(六)锰

适量的锰可提高维生素C的含量,使桃树各生理过程正常进行。

缺锰时,叶绿素含量降低,新梢基部老叶发生失绿症,上部幼叶保持绿色,当叶片从边缘变黄时,叶脉及其附近仍保持绿色,严重时呈现褐色,先端干枯。

缺锰症的防治方法:可于5~6月份对叶面喷洒0.2%~0.3%硫酸锰溶液,每隔2周喷一次,连喷两次。

(七)铁

我国大部分地区,土壤的铁含量比较丰富,不产生缺铁现象,但盐碱地区常发生缺铁失绿症。轻度缺铁时,在新梢生长的初期不表现症状,但到新梢迅速生长期,幼叶呈黄绿色或黄白色,叶脉绿色;严重缺铁时,叶脉变黄,叶片有褐色枯斑,新梢顶端枯死,叶片早落。如果连年严重发病,则萌芽展叶后叶片发黄或枯落;到后期,叶缘、叶尖焦化,甚至大枝死亡。

缺铁症的防治方法:酸性土壤缺铁时,可结合施基肥施入EDTA铁钠、黄腐酸二铵铁和FCU复合铁等有机铁剂,用量为成年桃树每株100~150克。对发生缺铁症状较轻的桃树,可于每年5~6月份对叶面喷洒黄腐酸二铵铁200倍液或0.2%~0.3%硫酸亚铁溶液,每隔10~15天喷一次,连喷两次;对缺铁严重的桃树或碱性土壤上缺铁的桃树,可用SZ-1型手动式强力注射机,在高压下将铁肥注入树干。具体做法是:在萌芽前,在距地面30厘米的主干处,钻3个直径为9毫米的孔,然后将高压注射机的空心金属螺杆,插入孔内2厘米处,以1~1.5千克/平方厘米的高压,将600毫升1%的硫酸亚铁注入树中,并及时进行伤口消毒,4~8周后即可收到良好的效果。

(八)硼

硼能促进花粉发芽和花粉管生长,对子房发育也有良好的作用。桃树缺硼表现为叶片变厚,畸形,发脆,小枝顶枯,随之落叶,出现许多侧枝,梢顶有莲座叶丛,果实出现裂果、皱缩和变形。

缺硼症的防治方法:轻度缺硼时,可于每年开花期和落花后各喷一次0.3%硼砂或硼酸溶液;缺硼严重时,可在根颈周围沟施硼砂或硼酸,幼树每株用100~150克,初果树每株用150~200克,盛果期时每株用250~500克。多施有机肥,增加土壤中的有机质含量,也可提高可给态硼的含量。因此,土壤施硼肥时,可与有机肥一起施入,施后灌水,有效期可达3~5年。

(九)锌

桃树缺锌,表现为新梢顶端叶小,簇生,即"小叶病"。同时,叶片失绿,叶缘呈波浪状,出现落叶。严重缺锌时,枝条死亡,花芽形成减少,果实小而畸形,品质变劣。

缺锌症的防治方法:当出现轻微缺锌症状时,可在盛花后三周,叶面喷施0.3%硫酸锌或氯化锌溶液。喷时若加入0.5%尿素,效果会更好;严重缺锌时,可于春季桃树萌芽前喷施一次4%的硫酸锌溶液,当年有效。也可在施基肥时,每株成年树施入硫酸锌100~150克,当年效果不明显,两年后效果显著,持效期为3~4年。

(十)铜

桃树缺铜,表现为新梢顶枯。夏初,新梢顶端生长停止,叶片出现斑驳和褪绿。连年缺铜,桃树外观似丛生,树体矮化。

防止缺铜的方法:在桃树萌芽前,结合防病,可叶面喷施1:1:100波尔多液或200~300倍液铜悬浮剂。

(十一)钼

桃树缺钼表现为叶脉间色变淡、发黄,叶片易出现斑点,边缘发生焦枯并向内卷曲,叶片萎蔫。一般老叶先出现症状,新叶在相当长时间内仍表现正常。

防止缺钼的方法:出现缺钼症的桃园,可于生长初期,叶面喷施 0.5%钼酸铵溶液。

三、施肥准则

(一)基本要求

桃树无公害栽培所施用的肥料,不应对果园环境和果实品质产生不良影响,而应是经过农业行政主管部门登记或免于登记的肥料。提倡根据土壤和叶片营养分析,进行配方施肥和平衡施肥。

(二)允许使用的肥料

桃无公害栽培允许使用的肥料有:

1. 有机肥料与腐殖酸类肥料 如厩肥、堆肥、沤肥、饼肥、泥炭肥、沼气肥、植物枝干和秸秆等农家肥和商品有机肥与有机复合肥,以及腐殖酸类肥料与微生物肥等。凡农家堆制、沤制的肥料,必须经过 50℃以上的温度充分腐熟或沾水腐熟,符合于卫生指标的城市垃圾必须经过无公害处理,含有重金属、橡胶等有害物质的垃圾不得使用。

2. 化学肥料 包括矿物经物理化学工业方式生产的无机盐类,如硫酸铵、磷酸钾、矿物钾、矿物磷、煅烧磷盐(钙镁磷肥、脱氟磷肥)、石膏和硫黄等。上述肥料,必须是国家法规规定,由国家肥料部门管理的以商品形式出售的肥料。但应控制使用含氯化肥和含氯复合肥。

3. 其它肥料 经无公害处理过的有机复合肥,不含有化学合成的生长调节剂的叶面肥,不含有毒物质的食品、纺织工业的有机副产品和骨粉、骨胶废渣、氨基酸残渣、家禽家畜加工废料和糖厂废料制成的肥料,以及有机或无机的掺合肥料等。

四、施肥技术

施肥制度,应根据品种、树龄、产量、生长势、土壤肥力和肥料种类等因素确定。在土壤肥力好的,幼树期开始的2~3年以基肥为主,不施或少施氮肥作追肥,以免引起徒长和延迟结果。施肥量以不刺激幼树徒长为原则,一般主枝延长枝的粗度(基部)以不超过2.0厘米为宜。成年树以产量和生长势为主要依据,延长枝粗度以1.0~1.5厘米为好。在品种之间,早熟品种可适当少施氮肥,而且宜在施基肥或早春时施用。直立性品种易上强下弱,应注意少施氮肥。衰老树及弱树宜适当多施氮肥,以恢复树势。北京果农的施肥经验是,每生产50千克果,应施基肥100~150千克有机肥,追施有效氮0.3~0.4千克,磷0.2~0.3千克,钾0.5~1.3千克。现在通用的方法是,根据叶分析和土壤分析及桃树实际肥料需要量来确定施肥量。根据有关资料,结果期桃园每公顷的施肥量,氮(N)为55~65千克,磷(P_2O_5)为55~65千克,钾(K_2O)为110~135千克。

(一)施肥时期

施肥的时期要准确,否则会影响肥效。现将不同时期的肥料作用分述如下:

1. 基肥施用时期 基肥多在根系开始活动前施入。我国桃树栽培分布较广,在北方寒冷地区,应在入冬前土壤未结冻时施基肥。江浙一带,桃树的基肥在11~12月份施入,施肥最佳时间是秋季桃落叶前一个月。若施肥时期推迟,来年新梢会旺长,致使落花落果严重。所以,基肥的施用时期很重要。

基肥施用的肥料种类,以有机肥为主。有机肥分解慢,可以防止肥料流失。施用量为全年施入氮素的60%~80%,磷素的90%~100%,钾素的50%~70%。由于基肥对果实产量、品质影响较大,因而应给予足够的重视。

2. 追肥时期 追肥施用的时期，主要是根据物候期的进程和生长结果的需要进行营养补充而确定。一般都用速效性肥料。桃树需要营养补充的几个关键时期如下：

(1)萌芽前 主要补充贮藏营养的不足，可以促进开花整齐一致，提高坐果率和新梢的前期生长量。以速效性氮肥为主。

(2)开花后 在开花后一周施入，补充花期对营养的消耗，可促进新梢生长和提高坐果率。亦以速效性氮肥为主。

(3)硬核期 在开始硬核时施入，供给胚的发育与核的硬化所需的营养，有利于果实增大、新梢生长和花芽分化。以钾、氮肥为主，三要素肥配合施用。这是一次关键性的追肥。

(4)采收前 一般在采前20天施入，以提高果实品质，增进果实大小，提高含糖量。主要施用速效性钾肥。

(5)采收后 主要是对消耗养分较多的中熟和晚熟品种或树势衰弱的树进行施肥。以恢复树势，增加树体内的养分积累，充实枝芽，提高越冬抗寒性，为下年丰产打下基础。亦以氮肥为主。

(二)施肥方法

1. 幼年桃树的施肥 幼树施肥，主要考虑根系的生长范围，在树冠尚未占满空间之前，不能用全园撒施。所以，基肥多采用环状沟施法。按树冠大小，与树冠垂直挖环状沟，沟深20~30厘米，沟宽30厘米左右，肥料拌土施入沟内，盖严。追肥可采用穴施或环状撒施。

2. 成年桃树的施肥 成年桃树已占满空间，为了节省用工，平地果园基肥和追肥都可以全园撒施，然后用人力或机械将肥料翻入地下。

山地果园，土壤肥力较差。为了改良土壤，提高土壤肥力，可采用放射状沟施法。在每株树周围挖四条放射状沟，沟的里端距树干50~70厘米，外端与树冠垂直。沟的里端宽30厘米，深30厘米。沟的外端宽60~80厘米，深30厘米。放射沟要每年错开方位挖,逐年挖通。

3. 根外追肥 根外追肥,也称叶面喷肥。这样施肥,肥效快,用肥省,既可以及时满足果树的急需,又可避免某些元素在土壤中被固定。包括微量元素的喷肥。

根外追肥,要注意选用适当的肥料种类及浓度,以免引起肥害。最好选阴天或晴天早晨或傍晚进行。最好保持喷后12小时不下雨,否则有淋失的可能。喷肥要注意喷在叶子两面,尤以叶背吸收较快。常用的肥料及浓度是:尿素0.3%~0.4%、磷酸二氢钾0.3%~0.4%,硼砂0.2%~0.5%等。喷肥种类和方法如下:

氮,在生长季里,当枝条生长在20~30厘米长,可以结合喷药,喷0.3%~0.4%尿素。整个生长季可喷3~4次。

钾,缺钾的果园可喷磷酸二氢钾0.3%~0.4%,整个生长季可喷2~3次。

硼,缺硼的桃园在秋季和春季喷硼砂1~2次,浓度为0.2%~0.5%。严重缺硼可在根际施硼。

锌,桃树缺锌,可在秋、春两季叶面喷1%硫酸锌+0.5%消石灰,或休眠期喷1%~5%硫酸锌。

五、灌水与排水

(一)灌 水

1. 灌水时期 桃树的灌水时期,是根据其树体生物学特性而定的,适宜的灌水时期有:

(1)萌芽前 此时灌水,其目的在于保证桃树萌芽、开花、展叶和早春新梢生长,扩大枝叶面积,提高坐果率。

(2)开花前 在我国北方地区,春季气候干燥,蒸发量大,开花前桃园需要灌水,以使花期有足够的水分供应。

(3)硬核期 此时灌水,主要作用在于保证果实发育、新梢生长及提高叶片的光合能力。

(4)果实成熟前 有些产区桃成熟前往往出现干热天气,影响果实生长,所以在果实成熟前20~30天,进入快速生长期时,应适量灌水,以使果实发育良好,果个大,品质好。

(5)入冻前 北方桃园秋季干旱,在入冬前适量灌水,有利于树体养分的积累,对第二年桃树的生长和结果有利。灌冻水的时期,必须以水渗下为准,存水结冰对桃树生长不利。

2. 灌水方法 灌水方法直接关系到灌水效果和经济效益,应根据当地的水源、能源及经济状况等确定灌水方法。

(1)喷灌 能均匀喷水,与地面灌水比较,它可节水30%~50%,与砂地果园地面灌水相比,可节水60%~70%。喷灌可保土、保肥,减少土壤流失,不使土壤板结。喷灌还可以改变果园小气候,避免低温、干热对桃树的伤害。喷灌还具有节省劳力,经济利用土地,便于机械耕作等优点。但风大的地区不宜使用。

(2)滴灌 滴灌,是通过滴头直接把水送到果树根部,既可减少灌水过程中的水分损失,又可避免土壤板结。除具有喷灌的优点外,还能保持植物根部适宜的水分,有利于果树的生长发育和产量的提高。

(3)地面灌溉 地面灌水,又分为大水漫灌和畦灌。其优点是:灌水量足,有利于果树根系的吸收,每灌一次水能维持较长的时间。但用水量大,也较浪费土地。水源充足的地区可以使用。

(二)排　水

桃树耐湿性差,雨水多或地下水位过高的地区,均要有排水设施。即使在我国气候干燥的地方,雨季也需要排水。山地排水,要沿等高线挖沟,按栽树的距离,每行挖一条排水沟。平地桃园地下水位在1米左右,其排水沟设置,应每一行或每两行一条。如果土壤黏重、雨季容易积水时,可采用行间低、植株位置高的高畦栽植方法排水。要特别指出的是,砂地桃园的排水问题。一般认为,砂土渗水性强,不易积水,但砂地积水有时表面看不出来,雨季土壤水分常达饱和状态,这种情况桃树最容易被涝死。

第七节 花果管理

一、疏花疏果

多数桃品种结实率高,盛果期的坐果率往往超过树体的负载量。桃的结果枝是既能结果,又能发生下一年的结果枝。因此在同一枝上,结果与生长的矛盾较为突出。若不疏花疏果,就势必产生一些小果,既影响桃果的产量与品质,还不能形成好下一年的结果枝,造成树势减弱及早衰。合理的疏花疏果,是保持树势,提高产量与果品质量的重要措施。

疏花,比疏果更为节省养分,促进果实产量与质量的提高。但在有晚霜和倒春寒的地区,应慎重推行。

疏花疏果的方法,有人工疏花疏果、化学疏花疏果和机械疏花疏果三种。化学和机械疏花疏果,目前还存在一些问题尚未解决,仍需辅以人工疏花疏果。我国仍以人工疏花疏果为主,其它的疏花疏果方法还在试行中。

留果的多少,要依品种、树龄和树势来确定。一般长果枝,大型果留 1~2 个,小型果留 3~4 个;中果枝,大型果留一个,小型果留1~2 个;短果枝和花束状果枝留一个果,或 2~3 个枝留一个。预备枝和延长枝不留果。树冠上部和外围多留果,内膛和下部少留果。也可根据叶果比来留果,大约 30~50 枚叶片留一个果。但在不同的地区、不同的管理水平和不同品种都有差异。

(一)人工疏花疏果

人工疏花的时期,以大花蕾至初花期进行为宜。疏去早开的花、畸形花、晚开的花、朝天花和无叶枝上的花。要求留枝条上部的花和中部的花,花间距离要均匀合理,疏花量一般为总花量的

1/3。人工疏花,采用摘去花蕾或花的方法进行。

人工疏果,在落花后一周至硬核期前完成。一般分两次进行。第一次疏果在花后一周,疏去枝条顶部和基部的果实,中部适当间疏。留果量应为最终留果量的3倍。第二次疏果在硬核期前进行。此次疏果后的留果数量,为最后的留果量,亦称定果。对生理落果严重的、坐果率低的品种,要适当晚疏果和适当多留果。花期如遇低温时应适当晚疏。

(二)化学疏花疏果

化学疏花疏果亦称药剂疏花疏果。常用的疏花疏果药剂如下:

1. 用石硫合剂疏果 此药效果稳定安全。喷药浓度为2.8波美度。必须在花盛开时喷布。对花蕾无效。因此,常要喷洒两次才能奏效。

2. 用生长调节剂类药剂疏果 萘乙酸在花后24~45天喷40~60毫克/千克浓度的效果较好。乙烯利通常使用浓度为60毫克/千克,于花后8天喷布。疏桃剂通常使用浓度为200毫克/千克,于花后2~5天喷布。上述均为植物生长调节剂,喷布后影响树体内激素的形成和运转,使果实发育停止而造成落果。使用不当,常出现疏花疏果过头的现象。故应在技术人员指导下进行。

(三)机械疏果

在我国国内尚无应用之例。国外有用高压气流振动树枝进行疏果的。采用此法,必须在果实发育到一定时期,对外界条件敏感时才能有效。

二、提高坐果率

(一)落果原因

桃树多数品种花量大,坐果率高,能满足生产上的要求。有些品种或在某些年份,会因落果多而影响产量。桃的落果,一般有三个时期。第一期在花后1～2周内，由于花期受冻，雌蕊发育不完全或花粉败育又没有适当的授粉树，授粉受精不良引起落果。第二期，在花后30～40天，子房膨大如蚕豆大小时，因受精不完全，胚发育停止，胚产生的激素不足而引起落果。第三期落果，在果实硬核期前后，即5月中下旬至6月上旬，由于树体营养不足，受精胚发育停止而引起落果。常称6月落果。

桃胚生长需要大量的蛋白质。如果在6月份落果期内，氮供应不足或光照不足，同化养分缺乏；水分过多或氮素过多，刺激新梢旺长，与果实发育争夺养分；天气干旱、叶片蒸腾作用旺盛，争夺了果实的水分，果柄导管收缩；若再遇大雨或大量灌水，吸取大量水分后造成细胞破裂。上述这些情况，都会促使果柄产生离层，引起落果。

有些品种在采摘前，有落果现象，称采落果，只能对其适当提前采收。

(二)保果措施

对花粉败育的品种，应在建园时考虑配置授粉品种，或行人工授粉。

对雌蕊发育不完全的，除品种因素外，加强后期管理，减少秋季落叶，增加树体营养贮备，使花器发育充实，提高抗寒力和花粉的发芽力。为防止春季寒流侵袭造成冻花，除提高树体抗寒力外，采用果园内熏烟、喷水等措施，也有较好的防寒作用。

防止6月落果的措施，主要是在硬核期适当施肥和灌水，保证果实和新梢生长所需的养分和水分。并避免单独大量施用氮肥，而应配合施用磷、钾肥。旺树的修剪不可过重，以免刺激新梢旺长。疏去过密枝，可以增加光照，提高叶片的光合功能，增加营养积累。

除上述综合管理措施外，还应对花粉败育的品种进行人工授粉。在大花蕾时结合疏花采集授粉品种的花蕾，人工或用剥花机剥出花药,置于25℃的条件下进行干燥,取得花粉,按1:5~10的比例,掺入滑石粉或淀粉,用橡皮头蘸后点花,或装入纱布袋内,将其在树上抖动,撒出花粉供授粉用。在盛花期反复进行3~4次,可明显提高坐果率。应用蜜蜂授粉,一般每0.2~0.33公顷放一箱蜂。放蜂前,不得施用毒性较强的农药,以免毒死蜜蜂。也有采用挂花枝授粉的。即将预留的授粉品种树的花枝剪下,插入水罐中,挂在被授粉树的树冠上部,借助风力撒粉。桃树数量少的桃园,也可摘取已开放的授粉品种的花朵。用已裂花药在被授品种花柱上轻抹,也有效果。大面积桃园的授粉,也可使用授粉器喷施。授粉器集采粉授粉于一身。效果好,能大量节省劳力和时间。

另外,在花期喷10~20毫克/千克的防落素(PCPA),和花后喷20毫克/千克的萘乙酸,都具有提高坐果率的作用。

三、套　袋

套袋,可避免病虫和鸟类对果实的危害,防止空气尘埃和农药附着果面,使果实表面光滑、鲜嫩,提高外观品质。这是无公害桃栽培的措施之一。但套袋后,果实着色度下降,糖分也有下降。为此,必须在采前去袋,以增加着色和提高糖分。

(一)套袋材料

目前,多用纸袋套果,但不得使用旧报纸及其它印刷纸张做纸袋,由于这些纸上有油墨或铅,对果实表面有污染,既影响果实外观,又有害食用者的健康。所以,制作套袋,应使用卫生的专用制袋纸。

(二)套袋时期

套袋,应在定果后,病虫害发生以前完成。在北京地区,大约为5月下旬至6月上旬。套袋前,应喷一次杀虫、杀菌剂,或使用含药的纸袋。套袋应按早熟、中熟、晚熟的顺序进行。坐果率高、落果轻的品种先套,坐果率低、落果重的品种后套。

(三)套袋方法

取一纸袋,将袋撑开,捏平下部两角,套入幼果,再摺袋口,把袋用铅丝或麻皮固定在结果枝上,切勿将叶片套入袋内。

(四)解　袋

白肉桃品种,当套袋的桃果近于成熟时期,先检查桃树树冠上部和外围的果实,见其开始由绿转白时,就是解袋的最佳时期。大约在采前10天,解袋应分两步进行,先将袋口解开,让果实适应外界气候环境。两天后,将果袋去除。解袋的顺序是,先解树冠上部和外围的果袋,后解下部和内膛的果袋。解袋后,果实得到光照开始着色,一般经过一周左右即可成熟,采摘。成熟期雨水集中的地区,有的桃树品种的果实裂果严重。此类桃树品种也可以不解袋。

桃果套袋优点很多,特别是防止污染(主要是农药和浮尘),对桃的无公害栽培至关重要。但大面积的集约化栽培,套袋所需的人力和物力成本也很可观。就有套袋栽培习惯的日本而言,据其农林水产省统计情报部资料表明,以白桃为例,套袋所需劳动的时间,约占全年的33.3%,而全年用药剂防治病虫害的经费,只达到套袋经费的1/2左右。因此,日本的早熟桃不行套袋,中、晚熟桃在进行无袋栽培的试验。

第五章　桃的无公害设施栽培

我国桃的设施栽培,是近十年发展起来的新栽培方式。开始,主要是解决早春水果淡季的问题。北方地区尤甚,目标是提早供应市场和特需供应。因此,越早,经济效益也越高。从目前的实际情况看,在生产上以栽培早、中熟桃品种为好。为了满足市场需要,提高经济效益,有的把一些中熟的品种也进行设施栽培。另外,为了延长供应期,而把一些晚熟品种进行设施栽培,使其推迟开花,推迟成熟期,以满足后期(10 月份以后)的市场需求。

设施栽培的主要形式,在北方地区,以日光温室为主,也有采用加温温室的,如北纬 45°以北的辽宁、吉林、黑龙江和内蒙古等地。黄河以北,可采用日光温室或大棚栽培,在长江以南地区,采用大棚栽培即可。

第一节　栽培设施的结构与建造

一、场地选择

设施栽培的场地应选在地势平坦,东南西三面无高大建筑物及其它遮光物,能保证冬、春季光照充足的地方。

(一)光照条件

阳光是日光型温室的主要热源,只有保证一天中有足够的光照,才能保证所需的生长温度。同时桃也必须有充分的光照,才能保证光合作用进行。

(二)水电条件

如是设施集中的设施群,应有充足的水源和电力条件,以保证及时灌水和补充光照,特别是冬、春季阴雨天气多的地区,尤为重要。

(三)土壤条件

设施栽培用的土壤,应是疏松肥沃、排水良好的砂质壤土类,土壤过于黏重时,应改良后再栽树。

(四)交通条件

设施栽培属高技术、高投入、高产出的集约化生产方式,其地点的交通运输条件应该方便发达,有利于集中进行技术指导和销售。

另外,对常有大风的风口地方,应予避开或营造防风设施。在工矿区附近,常有粉尘落在保温膜上,影响保温膜的透光度,对升温和光合作用不利。因此,设施栽培场地应选在上风的一侧。

二、场地规划

场地确定后,应根据生产规模和自然地貌的情况,进行场地的总体规划。规划内容,包括设施的数量、排列、道路、水源、灌溉管网、排水设施,以及办公室、库房、果品分级包装间等。具体注意事项如下:

(一)温室或大棚的间距

日光温室(含加温室)应坐北朝南,可抢阳或抢阴 5°~10°。温室的南北间距,应为温室高度的 2 倍,东西两排温室栋间距离应为 4~6 米。大棚为南北方向,坡地应沿等高线设置。南北两棚间距为棚高的两倍,坡地视坡度而定,一般可小一些。东西两栋间的距离不小于 3 米。

(二)大棚排列

温室大棚的排列,可以南北成列、东西成行地整齐排列。其大群体也可错落有致地排列。这样,对通风、防风和采光均可创造有利条件。

(三)道　路

根据面积大小和自然地貌,应设有主干路和支路,路路相通,有利于运输。主干路宽应在 6 ~ 7 米,支路宽 4 ~ 5 米。

(四)辅助设施

辅助设施如办公室、库房等,应偏于一角,接近公路,方便日常管理。

三、温室与大棚的结构

温室的类型有多种,就目前所采用的是单面采光温室,其后墙高 2 米,脊高 3.1 米,跨度(即温室宽)7.3 米(图 5-1)。建筑用材,墙体由砖、石或夯实土、草坨垛筑成,砖体的墙常为空心墙中填灰渣等保温材料。屋面有竹木和钢材结构两种。竹木结构,材料价格较低廉,但遮光较多。在屋架上面,覆以塑料布,气温低的地区可覆两层。屋面保温材料,有稻草垫、蒲栅和保温苫。保温苫可以用电动或手摇机械卷放,是当前较好的保温材料。

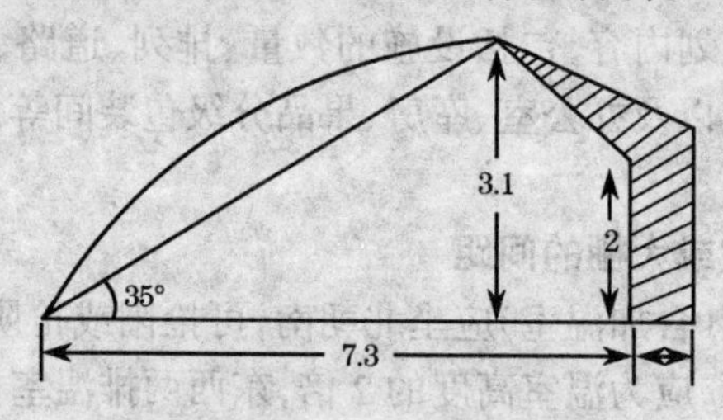

图 5-1　日光型温室结构　(单位:米)

大棚,有多柱和无柱两类。无柱的管理方便,不遮光,但造价高。大棚面积竹木结构以 667 ~ 1 000 平方米,钢结构 1 000 ~ 1 333 平方米较为适用,一般宽 12 ~ 15 米,长 50 ~ 60 米,高1.8 ~ 3.4 米,肩高 1.5 米(图 5-2)。

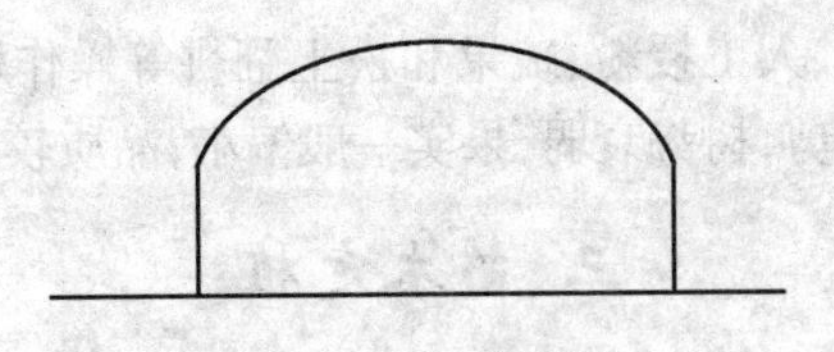

图 5-2 大棚模式

第二节 设施栽培的管理技术

一、品种选择

目前设施栽培正从单一的提早应市，发展为延迟上市和生产高品质果品等多方面目标的栽培。因此，选择品种时，要依栽培目标来选择。首先是果实的商品性，即果实个大，果形端正，色泽鲜艳，风味好的品种。其次是以提早应市的应选早熟品种，亦即果实发育期在 80 天以内的，若以延时为目标进行栽培，则应选择晚熟品种，越晚越好。以生产高品质果品为目标的，可选用优良的中熟品种，使其与露地早熟品种如春蕾等同期上市，其果个、品质都会优于这些早熟品种，而受市场欢迎。第三，提早应市和高品质栽培，均应选择需冷量少的品种。因为需冷量少的品种，可以提早通过休眠，提早在温室中开花结果。第四，在其它条件相同的情况下，应选用有花粉的品种，因为有花粉的品种常为丰产性好的品种。

二、栽培密度

在设施栽培初期，为了提早见效益，大多采用高密度栽培，如 0.5 米 × 0.8 米，0.8 米 × 1.0 米等。经过数年实践，证明株距以 0.8 米 ~ 1.0 米，行距 1.5 ~ 3.0 米为宜。采用 1.0 米 × 3.0 米的密度时，初栽时可为 1.0 米 × 1.5 米，二年后去掉一行。因高度密植，进行施肥、打药、人工授粉、疏果和松土翻耕等操作均不方便。同时,由于连年强剪,树势衰弱,果实一般偏小,品质较差。

三、苗木定植

一年生苗定植前,要选择苗木(参考苗木标准),定植优良苗木,可保品种纯,缓苗快,生长健壮,使之能在当年形成花芽,冬季开花,翌年 3~5 月份采果。

定植一定要南北行向。定植沟深 40~50 厘米,宽 50 厘米左右,沟内施入腐熟的有机肥,施后与土混匀,一般施用量为每 667 平方米 700~1000 千克。定植深度不得超过苗木原来的入土深度。过深,树势衰弱。定植后踏实,随即灌透水。在雨水多的地区,应起垄栽植,以利于排水。栽后定干,干高 45 厘米左右。在缓苗期,应根据土壤湿度进行灌水。定植后的夏季管理,与露地栽培相同。夏季修剪,应以疏删长放为主,促进花芽形成。

四、整形修剪

设施栽培,限于生长空间较露地栽培大为减小,故控制树体成为栽培技术的重要环节。目前,国内多以整形修剪的方法进行控制。

整形方式,目前采用的有二主枝开心形(即 Y 形)、圆柱形和纺锤形(图 5-3)。一般树高 1~2 米,单位结果枝或结果枝直接生长在主干上,不留侧枝。在采果后,对结果枝留其基部 2~3 芽剪截,或留基部一中长新梢后缩剪。因此时正当露地栽培的新梢抽生期,所以缩截后抽生的新梢,仍能形成良好的结果枝。其后的夏季修剪,参照露地栽培的方法进行。上棚后进行冬季修剪,在树干和大型单位枝上,每 15 厘米左右留一斜生或水平的长果枝,疏去密生的枝条。留枝量依树体能力而定。

另外,也有在采果后距地面 10~20 厘米处,截去整个树冠,令

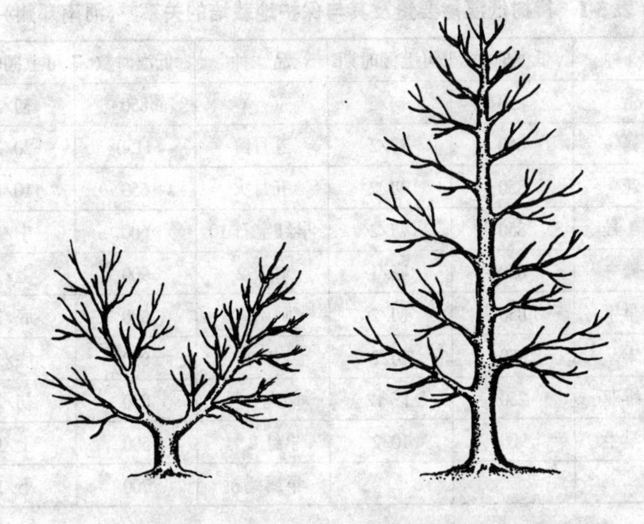

图 5-3 二主枝开心形与纺锤形

留下的干芽抽生新梢,选留一直立的生长,将花全部疏除(类似枝接或芽苗的春季管理),当年二次枝可形成花芽,扣棚后开花结果。

五、覆 膜

桃树需经过一定的低温期,才能通过休眠,然后萌芽、开花和展叶。这个低温期,一般以7.2℃以下的总时数计算。目前,我国栽培品种的低温期,大约在 700~1 200 小时。南方品种群品种的低温期总时数稍少一点,多在 800 小时左右。北方品种群品种的低温期总时数多在850小时以上。各品种的低温需要量,及上棚参考时期,见表 5-1。

在桃树休眠期低温需要量满足以后,即可覆膜保温。北方地区,一般在12月中旬即可,向南逐渐推迟。其具体时间,应根据当地气象资料具体掌握。这一时期的早晚,年度间也有些差异。

表 5-1　桃树低温需要量及其与保护地栽培的关系　（河南郑州）

品　种	低温时数	可上棚时期	品　种	低温时数	可上棚时期
春　蕾	850	初/2	京　春	850	初/2
早霞露	850	初/2	五月鲜	1150	20/2
春　花	850	初/2	五月火	550	10/1
霞晖 1 号	850	初/2	早红宝石 10	600	中/1
雨花露	850	底/1	NJN72	900	上/2
砂子早生	850	初/2	阿姆肯	800	底/1
庆　丰	850	初/2	NJN76	800	底/1
玛力维亚	250	上/12	瑞光 3 号	850	初/2
仓方早生	900	10/2	早红 2 号	500	上/1
			早露蟠桃	700	下/1

（王力荣、朱更瑞、左覃元，1996）

六、栽培管理

（一）温度管理

在设施栽培中，各生育期的温度应与露地栽培一致。特别是开花期到果实膨大期，设施内常出现中午的高温与夜间的低温温差较大，造成对果实生长的不利影响，如出现畸形果等。因此，搞好白天换气降温和夜间的保温非常重要。日本静冈市农协 1980 年制定的桃生育过程中各期的温度基准，如表 5-2 所示。

表 5-2　桃树各生育期的温度基准　（单位：℃）

设定温度	芽膨大萌芽期	开花期	果实肥大第 1 期		硬核期	果实肥大第三期	成熟期
			前　期	后　期			
最　高	25	20	30	30	30	30	30
最　低	5	10	15	15	10	12	14

1. 萌芽期温度管理 在我国各桃区的外界平均温度，为5℃～－5℃。必须注意夜间的保温，要采取二重覆盖等方法确保夜间最低温度不低于5℃。白天日光充足时，往往超过25℃，又必须及时进行通风换气，使温度保持25℃。

2. 开花期温度管理 桃的授粉受精，要求20℃左右的温度条件，超过28℃或低于10℃时受精不良。此时，天气晴朗，光照充足，设施内白天温度可达30℃以上，必须注意通风换气，降低温度，使日间温度不超过25℃，而夜间保温不低于10℃。设施栽培桃的花期较露地栽培的为长，常常早花的已进入幼果期，晚花却还在开放，而幼果对温度又要求不低于15℃。因此，夜间保温工作更为重要。

3. 果实膨大期温度管理 此期果实的膨大是由细胞分裂而形成的。温度低，影响细胞分裂速度，推迟果实成熟期。温度高，细胞分裂快，会造成果实变形。此期适宜的温度，为日间30℃，夜间不低于15℃。

4. 硬核期温度管理 此时，外界气温已上升到10℃以上，日间最高温度可达30℃以上，常会因呼吸作用的增强而增加消耗养分。因此，要注意控制温度，使夜间保持10℃左右，白天不超过30℃。

5. 果实迅速膨大期温度管理 果实即将成熟，细胞膨大迅速。由于外界温度上升，日间设施内常会出现30℃以上的高温。因此，必须及时通风换气，降低温度，使温度维持在30℃左右。

6. 成熟期温度管理 这时，外界气温上升，设施内日间30℃以下的温度难以维持，要根据具体情况去除覆膜，或加遮阳网以降温。

7. 收获后温度管理 彻底除去覆膜，使其在自然条件下生长，制造和积蓄养分，促进花芽分化，为翌年开花、结果打下基础。

（二）湿度管理

湿度，对桃树的光合作用、蒸腾作用和矿质元素的吸收，以及病害的发生，有明显的影响。当湿度过低时，叶片气孔关闭，光合率下降；而湿度过高，则蒸腾作用减低，抑制根系吸收矿质元素，而同时却有利于病菌的繁殖，病情会迅速蔓延，还会导致花药难开、花粉破裂等不良后果的发生。桃各物候期适宜的空气湿度不同。萌芽期为 70% ~ 80%，花期为 50% ~ 60%，展叶后为 60% 以下。设施内的空气湿度都较高，一般在 90% 以上。特别是通风不良时，在设施的管理上，必须采取措施降低湿度。只有这样，设施生产才能正常进行。降低设施内的空气湿度的措施，主要是控制明水灌溉，最好实施滴灌、地面覆盖地膜、减少灌水次数及地面蒸发和注意通风换气等。

（三）花果管理

设施栽培往往因为设施内无风，空气处于静止状态，湿度较大，没有昆虫活动，即使放入蜜蜂等，也常因温度较低而活动迟钝，从而影响授粉，特别是花粉败育的品种，其着果率更低。因此，对桃花进行人工授粉是非常必要的。

进行疏花疏果，虽然着果率较低，但可以节省养分，集中供给果实，保证果实质量。在进行人工授粉的时候也必须同时进行疏花。花后 20 天左右，早期落果后，应疏去发育不良、位置不好的果。每一长果枝留 2 ~ 3 个果。此后 10 天左右进行定果。定果数依树的负载量而定，一般每一长果枝留果 1 ~ 2 个，短果枝视情况留或不留。

果实的着色与阳光照射密切相关。在设施内，光照质量都比露地低，而且密植又会使互相之间产生不利的影响。为提高果实外观美和品质，有条件的可以吊挂反光膜反射阳光，促进果实着色，提高果实品质。

(四)土壤管理

设施栽培所用的土壤,以排水良好、有机质多的为宜。栽植前应行深翻,以改善其物理性。栽植后,由于密度较高,难于深耕。在生长开始时,应进行10厘米左右的浅耕。有条件的最好在发芽前进行地膜覆盖,以减少水分的蒸发和提高土温,以利于桃树根系的生长。

施肥应以基肥为主,基肥又以有机肥为主。施肥时期,应在10月初,比露地应早一个月左右。追肥一般施用两次,一次在采前20天左右,以速效的氮肥为主,配合磷、钾肥料。一次在采果后施用,以氮肥为主,配合施磷、钾肥料,以促进新梢生长及花芽分化。有条件的可根据树势及结果情况,喷施叶面肥料。

设施栽培,由于有覆盖物,设施内湿度比露地要高,因此,需要严格控制灌水,特别是要控制明水灌溉。一般在覆盖上膜前,进行一次充足的灌水。地表铺膜的,在采收前可以不再灌水。否则,可视土壤水分情况,在果实迅速膨大期之前适当灌水。但水量不可过大,以免影响果实的糖度。在花期不可灌水,因湿度大会影响授粉而降低着果率。采后结合施肥,灌水一次,以利于新梢的生长。

(五)病虫害防治

设施栽培比露地栽培病虫害发生得少。前期主要防治的,有蚜虫、红蜘蛛和果实病害,防治方法与露地相同。但要注意药液浓度和不在中午喷药,以免因浓度高或温度高而造成药害。采后病虫害的防治,与露地栽培的相同。

(六)二氧化碳施用

桃树的光合作用需要充足的二氧化碳。设施内,在寒冷的天气与外界通风换气少,又兼无风,空气不流动,栽植密度大,叶幕内二氧化碳气会因光合作用而消耗,因而含量不足,会影响光合作用的进行,使光合产物减低。为此,适当地施用二氧化碳气,能提高光能的利用率,对提高桃果产量和品质,是非常有益的。一般施用浓度为1000～2000毫克/升。可以用二氧化碳发生器或二氧化碳钢瓶来供给二氧化碳气体。

(七)棚膜揭除

采收完毕后,应及时将棚膜揭去。此时,露地温度已能满足新梢生长的要求,使桃树恢复在自然光照下的生长状态,有利于增强光合作用,制造和积累养分,促进枝条生长和充实,使花芽分化良好,为来年的开花、结果打下基础。

第三节　桃设施栽培中需解决的几个重要问题

一、新品种的培育

目前,我国栽培的早熟桃品种,其低温需要量大多在800小时以上,因而限制了加温覆膜期的提早,其采收期也必然相应推迟。设施内湿度大,光照较弱,对果实的品质和产量都有一定的不利影响。培育需冷量少的品种,耐湿和耐阴的品种,早熟大果型和糖度高的品种,对发展设施栽培是有重大作用的。

二、砧木的矮化与选择

我国当前应用的砧木,以山桃和毛桃等乔砧为主。由于栽培设施的空间有限,因而采用矮化砧木,对提高栽植密度、缩小树冠、提早结果和方便管理,都极为有利。有的地方使用毛樱桃作砧木,确实起到矮化、早果的作用。但毛樱桃均系野生或半野生状态,类型很多,嫁接后反应不一致,必须进行选择,使其逐步品种化,而且毛樱桃耐湿性较差。因此,南方还应选择适宜的砧木品种。

三、栽培管理技术的提高

桃的设施栽培仍处于刚起步的阶段,对栽植密度、品种选择、整形修剪和土壤管理等,尚未形成系统完整的管理体系和技术规范。这方面的试验研究工作,正随着设施栽培的发展,而逐步完善和提高。

四、新型设施材料的研究与开发

目前我国的设施材料大多是竹、木、草、泥、草苫、秸秆、纸被、砖和炉渣等。这类材料体积大,遮光率高,保温性能较低,使用年限短,费工、费力。有些材料,如草苫、秸秆等来源逐渐减少。因此,开发与研制配套的桁架构件,采用保温隔热性优良的墙体材料,质地轻软、保温防湿、便于机械操作和经久耐用的保温材料,是发展设施栽培,提高劳动生产率,减少劳动强度的重要措施。

五、生长调节剂的有限使用

目前,我国设施栽培的桃树,为了控制其生长,大多施用多效唑(PP333)等生长调节剂。施用方法有喷施和土施两种。这对控制桃树生长,使它提早结果,确实起了很大的作用。但多效唑等残效期长的药剂,往往在果实中有残留。我国规定,无公害绿色食品,生产中不能使用有机合成的生长调节剂。设施栽培生产成本高,应生产高档次、高质量的果品,才能有较高的经济效益。在无公害栽培中,应采用矮化砧、整形修剪和限根栽培等措施,控制树体的生长,尽量不使用有机合成的生长调节剂。

第六章 桃树病虫害的无公害防治

对桃的病虫害的无公害防治,要积极贯彻“预防为主,综合防治”的植保方针。以农业和物理防治为基础,创造不利于病虫孳生和有利于各类天敌繁衍的环境条件,保持农业生态系统的平衡和生物的多样化,减少各类病虫害的发生。要加强病虫害的测报工作,确定适宜的防治时期。要根据防治对象的生物学特性和危害特点,科学地进行化学防治。

第一节 农业防治、物理防治与生物防治

一、农业防治

桃树病虫害的农业防治方法,主要是采用科学的栽培管理技术,如合理地整形修剪、合理的负载量等,以保持树冠的通风透光和树体健壮,提高桃树对病虫害的抵抗能力。及时剪除有病虫的枝叶,冬季清园,清除枯枝败叶,予以集中烧埋,翻耕土地,地面覆盖和科学施肥等技术措施,消灭越冬虫源。严格检疫,防止病虫传播等。农业防治,是桃树病虫害无公害防治的方法之一。

二、物理防治

桃树病虫害的物理防治方法,主要是:根据病虫害的生物学特性,采用糖醋液、黑光灯、树干缠草把、粘着剂和防治网等物理性方法,诱杀害虫。

实践证明,使用糖醋液和黑光灯,对桃卷叶蛾、潜叶蛾、桃蛀螟、梨小食心虫、金龟子和天牛等害虫,诱杀效果非常明显。

糖醋液的配制方法如下:用红糖1份,醋4份,白酒0.5份,水16份。配制时,先用一部分开水把红糖溶解,然后按比例加入醋、白酒和水,混匀即成。装入口径不小于20厘米的容器内,挂在树冠中上部,每隔10~15米挂一容器。隔日或每日检查容器,捞出害虫,及时补水或更换糖醋液。一个生产季,每667平方米开支15元左右。果实采收后,仍应继续使用物理方法进行病虫害防治。

三、生物防治

生物防治,是指利用害虫的天敌,如瓢虫、草青蛉和捕食螨等,去消灭害虫的防治方法。也可利用有益微生物的代谢产物和昆虫的性诱剂,来诱杀害虫。

害虫性诱剂,在我国已有利用。如在桃树上,用于诱杀卷叶蛾、潜叶蛾和梨小食心虫的性诱剂,也已在生产中推广。使用方法是:购买三种不同的性诱剂药芯,串在一条铁丝上,放在一个口径为20厘米的大口容器口上,容器内加入溶有适量洗衣粉的水,水面距性诱剂1.0~1.5厘米,按糖醋液的放置法,挂于树冠上。隔日检查容器中的害虫量,将其捞出并补充水。所用性诱剂,每月更换一次。应用时间为全生长季。

第二节　化学防治

用化学药剂杀灭或抑制病虫害的生长发育和繁殖,对未发生的植株进行保护,对已发生的进行治疗,都是化学防治。化学防治的优点是:方法简单,效果快而显著。所以,它成为一段时间内生产上主要的防治手段。但是,化学药剂大多数也对人和动物有毒害。特别是不易降解药的、残效期长以及残留在植株和果实内的毒素,常会对人类有毒副作用。它污染环境,在杀灭病虫害的同时,也杀灭了害虫的天敌等有益昆虫,破坏了自然生态的平衡。进入21世纪以来,人们对自然生态环境和健康引起了高度的重视。因此,提倡使用生物源、矿物源农药,禁止使用剧毒、高毒、高残留和致畸、致癌、致突变的农药,并要求控制施药量与安全隔离期,以确保生产无公害的安全果实。

一、允许使用的农药

根据国家发布的农药使用准则,允许使用的农药如下:

(一)生物源农药

生物源农药,包括以下三类:

1. 微生物源农药 ①微生物源农药,有以下两类:农用抗生素类,如农抗120,井冈霉素、多抗霉素、春雷霉素、浏阳霉素和华克霉素等。②活体微生物农药,像蜡蚧轮枝菌、蜡质芽孢杆菌、拮抗菌剂、微孢子和核多角体病毒等。

2. 动物源农药 此类农药有性信息素、活体制剂的寄生性和捕食性的天敌动物。

3. 植物源农药 此类农药包括杀虫剂、杀菌剂和拒避剂。杀虫剂有除虫菊素、鱼藤酮和烟碱等。杀菌剂有大蒜素类等。拒避剂有苦楝、川楝素,以及增效剂芝麻素等。

(二)矿物源农药

此类农药包括:①无机杀螨杀虫剂的硫悬浮剂、可湿性硫和石硫合剂等硫制剂;硫酸铜、王铜、氢氧化铜和波尔多液等铜制剂。②矿物油乳剂的柴油乳剂等。

(三)有机合成农药

此类农药,是由人工研制合成,并由有机化学工业生产的商品化的一类农药。它包括中等毒和低毒类杀虫杀螨剂、杀菌剂和除草剂。

二、限制使用的化学农药

在桃生产上限制使用的化学农药有:乐果、菊酯类氯氰菊酯、氰戊菊酯、溴氢菊酯、辛硫磷、杀螟硫磷、噻螨酮、克螨特、除虫脲和百菌清等。以上化学农药的使用时间，必须在采收前40～30天使用结束。以保证化学农药中的毒性充分降解。

三、禁止使用的化学农药

在生产上，国家明文禁止使用的化学农药，如表6-1所示。

表6-1 生产无公害桃禁止使用的化学农药

种 类	农药名称	禁用原因
有机氯杀虫剂	DDT、六六六、林丹	高残毒
有机氯杀螨剂	三氯杀螨醇	含有DDT
有机砷杀虫剂	砷酸钙、砷酸铅	
有机磷杀虫剂	甲拌磷、乙拌磷、久效磷、甲胺磷、磷胺、氧化乐果、甲基对硫磷、甲基异硫磷、对硫磷、水胺硫磷、特丁硫磷、灭克磷、治螟磷、杀扑磷、硫线磷、苯线磷	剧毒、高毒
氨基甲酸酯杀虫剂	灭多威、涕灭威、克百威	高毒
卤代烷类熏蒸杀虫剂	二溴乙烷、二溴氯丙烷、溴甲烷、环氧乙烷	高 毒
二甲基脒类杀虫杀螨剂	杀虫脒	慢性毒性，致癌
有机砷杀菌剂	福美胂、福美甲胂	高残毒
有机汞杀菌剂	氯化乙基汞(西力生)、醋酸苯汞(赛力散)	剧毒、高残留
氟制剂	氟化钙、氟化钠、氟乙酸钠、氟硅酸钠	高 毒
取代苯类杀菌剂	五氯硝基苯、五氯苯甲醇	致癌，高残留
有机锡杀菌剂	三苯基醋酸锡、三苯基氯化锡	高残留、慢性毒
除草剂	除草醚、草枯醚	慢性毒
生长调节剂	有机合成植物生长调节剂	

第三节　主要病虫害及其防治

一、主要病害及其防治

(一)桃炭疽病

【病原菌】 *Gloeospurirm Laetisolor* Berk.

【症状】 主要危害果实和枝梢,也能危害叶部。被害的果实,果面初呈水浸状绿褐病斑,后变为暗褐色,渐干缩,气候潮湿时,在病斑上生出粉红色小粒,即病菌孢子。病果干缩,脱落或挂于树枝上。枝梢受害后,初现水渍状浅褐色病斑,后变为褐色,呈长椭圆形,边缘稍带红色,略凹陷,表面生有粉红色小粒点。病斑绕枝一周后,枝条枯死。叶片以嫩叶上发病最多,常以主脉为轴心向正面卷成管状,萎缩下垂。

【发病规律】 病菌主要潜伏在病枝或僵果的组织内越冬。第二年早春气温回升后,湿度适宜,即产生孢子,随风雨和昆虫传播,引起初次侵染。根据观察,当气温在 10℃ ~ 12℃,平均湿度在 80%以上时,就能产生孢子。该病在桃的整个生长期内均可以侵害树体。在南方地区发病较早,在 4 ~ 5 月份即可发生;在北方地区,至 6 ~ 7 月份才大量发生。该病可造成落果及枝梢的衰弱和死亡。此病在连续阴雨时易于发病。

【防治方法】 清洁田园,清除僵果和病枝,消除病原。搞好桃园排水。药剂防治,于早春芽萌动前喷 5 波美度石硫合剂一次,消灭越冬病原。落花后,每隔 10 天左右,喷一次 500 倍液的 50%托布津,或 25%多菌灵,50%退菌特、代森锌等,共喷 3 ~ 4 次,均有较好的防治效果。

(二)桃腐烂病

该病又称干腐病。

【病原菌】 *Botryosphaeria ribis* Gross et. Dugg.

【症状】 主要危害主干和主枝。症状不易发现。初期病部表皮呈椭圆形下陷,变为褐色,有豆粒状的胶点。胶点下组织腐烂,具有酒精味,逐渐发展到木质部。后期病部干缩凹陷,密生黑色小粒状子座,内藏分生孢子器,遇雨出现橙黄色分生孢子角。当病斑围绕干枝一周时,全树或主枝死亡。分生孢子角借风、雨和昆虫传播。

【发病规律】 病原菌以菌丝体、子囊壳及分生孢子器,在患部组织中越冬。翌年 3~4 月份,遇雨时分生孢子借风雨、昆虫传播,经伤口或皮孔侵入树体,菌丝体在皮层与木质间发展,并分泌毒素,毒死桃树的细胞,形成大量胶质孔隙,发生流胶现象。菌丝在高温时受抑制。温暖的 5~6 月份是其发展的盛期。

【防治方法】 桃腐烂病菌只能从伤口或皮孔入侵,故加强肥水管理,增强树势,防治虫害和减少人为伤口,都有防治作用。药剂防治,于萌芽前喷布 5 波美度的石硫合剂,或退菌特、托布津等。其用法同桃炭疽病的防治。对已染病的病斑,涂石硫合剂及其渣等,也有防治效果。

(三)桃褐腐病

该病又称菌核病、灰霉病。

【病原菌】 *Sclerotinia laxa* Aderh et. Rcchl

【症状】 主要危害果实,也能危害花、叶和新梢。自幼果到成熟,它均能危害。成熟期危害最重。果实被害后,初期为褐色圆形病斑,后逐渐扩展,以至全部果面。患部果肉变褐,腐烂,病斑表面有灰褐色绒状霉丛,即分生孢子,呈同心圆轮纹状。病果脱落或挂于枝上,干缩成黑褐色僵果。叶片受害后,变为褐色而脱落。新梢受害处变成溃疡斑,皮层破裂而流胶。花器受害后,常自雄蕊及花瓣先端开始,发生褐色水渍状斑点,乃至全花变褐而枯萎,残留在枝上。

【发病规律】 病菌的菌丝体在僵果或病枝上越冬，次年春季产生大量分生孢子，借风、雨和昆虫传播，引起初次侵染。侵入途径为伤口和皮孔，也可从柱头和蜜腺侵入。果实成熟期，气温常在20℃～25℃，若湿度也很高，则发病严重。开花期和幼果期虽气温尚低，但雨水偏多时，也会发病。

【防治方法】 冬季修剪时，清除僵果和病枝集中烧毁，消灭越冬病原。进行土壤深翻，将僵果、病枝残体埋入地下。及时防治象鼻虫、食心虫等减少其取食伤口，可减轻发病率。果实套袋的地区，于5月份完成套袋工作。套袋前，进行一次喷药保护，则更为有益。药剂防治，于萌芽前喷5波美度石硫合剂，花后喷0.3波美度石硫合剂各一次。以后视病情，喷布500倍液的代森锌、福美锌，或50%的甲基托布津800～1000倍液，均有较好的防治效果。

（四）桃冠腐病

【病原菌】 *Phytaphthora cactorum* (Leb et cohn) Schroet; *P. Citrophthora* (R. etE. Smith) leonian.

【症状】 主要发生桃树的根颈部，发病严重时枝梢生长缓慢，有时叶子皱缩或枯黄。根颈部表皮下陷，皮部变为褐色，有酒精气味。初期，病斑部相对应的地上部生长缓慢；严重时，病斑围绕根颈一周，翌年春季发芽时全株死亡。

【发病规律】 该病原为真菌的土壤习居菌，可在土壤中存活多年。以卵孢子在土壤中越冬，卵孢子萌发，产生孢子，直接侵染，也可先形成游动孢子侵染，土壤积水或处于饱和状态时，直接侵染皮层，通过伤口更易造成侵染。

【防治方法】 于春、秋季，对地上部有病状表现的树，将根颈处土壤扒开，刮去病斑到边缘为健康组织，同时在伤口部涂上石硫合剂，涂后不埋土，进行晾晒。在地下水位高或积水之地，在树根周围直径50厘米左右处做土埂，或土堆，浇水时使水不进入根的四周，以保持干燥。注意桃园排水，及时检查和晾晒根颈，都有较好的防治效果。

(五)桃疮痂病

该病又称黑星病。

【病原菌】 *Cladosporium carpophilum* Thum.

【症状】 主要危害果实,也能危害叶片与枝梢。病斑多发生在果梗附近,果实未成熟时变为黑色。该病菌仅危害果皮,病部表皮组织枯死,果肉仍继续生长。因此,病果发生龟裂,严重时造成落果。叶片发病始于叶背,初为不规则形灰绿色病斑,后逐渐枯死,病斑脱落,形成穿孔,严重的可造成落叶。枝梢发病,病斑为暗绿色,隆起,流胶,也只危害表层,不深入内部。

【发病规律】 病菌以菌丝体在枝梢上越冬。次年4~5月份,产生分生孢子,借风雨传播,引起初次侵染。多雨或潮湿的环境,有利于分生孢子的传播。地势低洼和枝条郁闭的桃园,发病率较高。南方地区雨季早,发病也较早,4~5月份发病率最高。在北方地区,其发病率最高期则在7~8月份。该病原菌在果实中潜伏期为40~70天。因此,早熟品种在未现症状时即已采收,只有晚熟品种才能现出明显病症。

【防治方法】 秋冬清园,烧毁病枝,消灭越冬病原。加强夏季修剪,使树林通风透光。药剂防治,萌芽前喷5波美度石硫合剂。南方地区在4~5月份,北方地区在7~8月份,每15天左右喷一次500倍液代森锌即可。

(六)细菌性根癌

该病又称根瘤病 。

【病原菌】 *Agrobacterium tamefaciens*(Smith et Towns.)Conn.

【症状】 主要发生在根颈及支侧根上,有时枝条上也会发生。病体为癌瘤状,一般为球形或扁球形,也可瘤间愈合成不定形,数量可由1~2个到10余个。瘤的大小,由豆粒大小到拳头大小,差异很大。苗木的病部多发生在接穗和砧木的愈合部,大小与核桃相似。受害树发育缓慢,植株矮小,严重时叶片黄化,脱落,果实变小,早衰早亡。

【发病规律】 细菌在瘤皮层组织内越冬,在土壤中可存活一年以上。其主要的传播媒介是雨水和灌溉水,地下害虫和线虫也可传播。苗木带菌,是远距离及病菌区的主要传播途径。病菌通过伤口侵入。病菌入侵后,刺激附近细胞加速分裂,产生大量分生组织,形成病瘤。湿度大的碱性土壤和黏重排水不良的土壤,发病率较高,嫁接和耕作,以及害虫等所造成的伤口,都会增加发病的机会。

【防治方法】 不使用老桃园、老苗圃以及有根瘤发生的土地育苗。加强检疫工作,销毁病苗。进行苗木消毒,用 K84 浸根 5 分钟,浸泡范围为接口以下部位。在已发生根瘤的地区,对有病苗木可剪去病瘤烧毁,再用 K84,加水稀释 30 倍,浸根 5 分钟,加强地下害虫的防治,减少根部伤口。这些措施都有防治的效果。

(七)桃缩叶病

【病原菌】 *Taphrina deformans*(Berk)Tul.

【症状】 主要危害叶片,也可危害花和嫩梢及幼果。春季嫩叶刚抽生时,即出现卷曲,叶色发红,随着叶片的开展,卷曲和皱缩也加剧。叶片增厚变脆,呈红褐色。春末夏初时,病部出现一层银白色粉状物,即病菌的子囊,最后呈褐色,枯落。落叶后抽生新叶,不再受害。嫩梢受害后略变粗,节间缩短,叶簇生,严重时整枝枯死。花受害后脱落。病果呈红色,发育畸形,常出现龟裂和疮疤。危害严重时,当年产量降低,并影响次年的开花结果。

【发病规律】 病菌以子囊孢子或芽孢子,在叶芽鳞片和枝干的树皮上越冬及越夏。春季叶芽萌发时,芽孢子萌发产生芽管,直接穿透叶片表皮或经气孔侵入。展叶前从叶背侵入,展叶后也可从正面侵入。菌丝在表皮及栅状组织细胞间蔓延,刺激中层细胞的分裂,细胞壁增厚,使叶片肥厚皱缩及变色。在气温为 10℃ ~

16℃，空气潮湿的条件下，发病较多。一般在4～5月份的江南发病最盛。6月份以后气温上升到21℃时，此病停止蔓延。

【防治方法】 在萌芽前喷布5波美度石硫合剂，杀死越冬病菌。喷药若能做到及时和周到，一次喷药即可控制。如能连续2～3年进行防治，则可以彻底防治该病。另外，在发病初期应及时摘除病叶，予以集中烧毁。对发病较重的树，应增加追肥量，促使恢复树势，以免影响次年结果。

(八)细菌性穿孔病

【病原菌】 *Xanthomonas pruni*(Smith)Dowson.

【症状】 该病主要发生在叶片上，也能危害新梢和果实。发病初期，叶片上出现半透明水渍状小斑点，扩大后为圆形或不整齐的圆形，直径为1～5毫米的褐色或紫褐色病斑。病斑边缘有黄绿色晕环，逐渐干枯，周边形成裂缝，仅有一小部分与叶片相连，脱落后形成穿孔。新梢受害时，初时出现圆形或椭圆形病斑，后凹陷龟裂，严重时新梢枯死。被害果实初为褐色水浸状小圆斑，以后扩大为暗褐色稍下陷的斑块，空气潮湿时产生黄色粘液，干燥时病部发生裂痕。

【发病规律】 病菌主要在病枝上越冬。次年春季，病部溢出菌脓，借风雨传播，有时昆虫也能传播。病菌从芽痕、气孔和皮孔侵入叶片、新枝和果实。气候温和而湿度大的环境，有利于此病的发生，一般春、秋雨季发展较快，干旱高温的夏季发展迟缓。

【防治方法】 冬季剪除病枝集中烧毁，消灭越冬菌源。萌芽前喷5波美度石硫合剂，5～6月份喷500倍液代森锌液1～2次，有良好防治效果。

(九)桃树流胶病

该病在各桃产区均有发生，一般在南方高温多湿的地区发生较为普遍，北方地区发生较轻。据近年的研究，此病分为两种，即流胶病和疣皮病。其区别是：流胶病始发生在主干和主枝上；疣皮病始发生在1~2年枝上,一般当年不流胶。

【病原菌】

(1)流胶病病原菌 *Botry osphaeria . dothiden*(Moug.exFr.)Ces.&de Not

(2)疣皮病病原菌 *Physalospora persicae* Abiko et Kirojima.

【症状】

(1)流胶病症状 干枝上均可发生。多年生枝干上染病,后出现1~2厘米大小的水泡状隆起,一年生新梢则常以皮孔为中心,呈突起状。染病部位渗出 胶液,与空气接触后变成茶褐色的胶块,导致枝干溃疡,树势衰弱,严重时枝干枯死。

(2)疣皮病症状 发病初期,在1~2年生枝的皮孔上发生疣状小突起,逐渐发展成直径约4厘米的疣状病斑,表面散生小黑点(分生孢子)。第二年春夏,病斑扩大,破裂,溢出树脂,枝条变粗糙,并且发黑,严重时枝条皮层坏死而干枯。

【发病规律】 病菌在枝条上病斑部位越冬。次年3月下旬开始喷射分生孢子,并向田间散发。分生孢子靠雨水及溅滴传播,气流传播是次要途径。病菌孢子经伤口和皮孔侵入。危害时期为4~9月份,潜伏期为34~185天,孢子发芽的适温为24℃~35℃。故高温伴有降雨时,为发病的最盛时期,在江南地区,以5~6月份发病率最高,7~8月份干旱季节发病几乎停止,9~10月份又有少量发生。

另外,除上述病原菌侵染造成流胶外,虫害口也易导致流胶。如椿象、象甲,特别是桃小蠹虫,危害1~2年生枝后造成流胶。其它机械伤、冻害和日烧等,也会导致流胶。

【防治方法】 春季发芽前,用5波美度石硫合剂,或100倍液402抗菌剂涂抹病枝干,在此病高发季,喷布抗菌类药物,防治枝干害虫,减少伤口。

二、主要害虫及其防治

(一)蚜 虫

危害桃树的蚜虫主要有三种。即桃蚜[*Myzus persicae* (Sulzer)]、桃粉蚜(*Hyalopterus arundinis* F.)和桃瘤蚜(*Trichosiphoniella momonis* Matsumura.)

【形态特征】

(1)桃蚜(赤蚜、烟蚜) 成虫分为有翅及无翅两种类型。有翅胎生雌蚜,体长1.6~2.1毫米。头、胸为黑色,腹部深褐色,腹背有黑斑,额瘤显著。若虫似无翅成虫,体色有绿、黄绿、褐、赤褐等类型,因寄主而异。无翅胎生雌蚜,体长1.4~2.0毫米,头、胸部黑色,腹部绿色、黄绿色或赤褐色。身体为梨形,肥大。卵,散产或数粒一起,产于枝梢、芽腋、小枝杈及枝条的缝隙等处,长圆形,径长约0.7毫米,初产时绿色,后变为黑色,有光泽。

(2)桃粉蚜 有翅成虫体长1.5毫米,头胸部淡黑色,腹部黄绿色。无翅成虫略大于有翅成虫,体长约2.0毫米,体绿色,复眼红色。其最大特点是体表披有蜡状白粉,区别于其它蚜虫。若虫淡黄绿色,体上白粉较少。卵椭圆形,初产出时为黄绿色,近孵化时变为黑色,有光泽。

(3)桃瘤蚜 有翅成虫体长1.8毫米,淡黄褐色。无翅成虫体较肥大,体长2.1毫米,深绿或黄褐色,长椭圆形,颈部黑色。若虫与无翅成虫相似,体较小,淡绿色。卵椭圆形,黑色,有光泽。

【危害状】 桃蚜与桃粉蚜以成虫或若虫群集叶背吸食汁液,也有群集于嫩梢先端为害的。桃粉蚜为害时叶背满布白粉,能诱发霉病。桃蚜危害的嫩叶皱缩扭曲。被害树当年枝梢的生长和果实的发育都受不利影响。危害严重时,影响次年开花结果。桃瘤蚜对嫩叶和老叶均危害,被害叶的叶缘向背面纵卷,卷曲处组织增厚,凹凸不平,初为淡绿色,渐变为紫红色,严重时全叶卷曲。

【发生规律】 蚜虫在北方地区一年发生10余代,在南方地区可发生20余代。以卵在桃树枝条间隙及芽腋中越冬。3月中下旬,开始行孤雌胎生繁殖,新梢展叶后开始为害。繁殖几代后,于5月份开始产生有翅成虫,6~7月份飞迁至第二寄主(夏寄主),如烟草、马铃薯等植物。9月份左右,又大量产生有翅成虫,迁飞到白菜、萝卜等蔬菜上。到10月份,该虫再飞回桃树上产卵越冬,并有一部分成虫或若虫在夏寄主上越冬。

【防治方法】 清园,除尽杂草,及剪下枝条;消灭越冬虫、卵。展叶前后喷布菊酯类3000倍液,杀螟松1000倍液等,都有较好的效果。喷药次数应根据虫情而定,一般喷药1~2次即可控制。另外,还可利用天敌,如瓢虫、草青蛉和蚜茧蜂等进行防治。利用天敌防治,是今后发展的方向。

(二)红 蜘 蛛

红蜘蛛(*Tetranychus uiennensis* Zacher.),是危害桃树的主要害虫之一,应当认真加以防治。

【形态特征】 危害桃的红蜘蛛,多数为山楂红蜘蛛。其体形为椭圆形,背部隆起,越冬雌虫为鲜红色,有光泽。夏季,雌虫为深红色,背面两侧有黑色斑纹。卵为球形,淡红色或黄白色。

【危害状】 山楂红蜘蛛常群集叶背为害,并吐丝拉网(雄虫无此习性)。早春出蛰后,雌虫集中在内膛为害,造成局部受害现象。第一代虫出现后,向树冠外围扩散。被害叶的叶面先出现黄点,随着虫口的增多而扩大成片,被害严重时叶片焦枯脱落。有时7~8月份出现大量落叶,影响树势及花芽分化。

【发生规律】 山楂红蜘蛛以受精的雌虫,在枝干树皮的裂缝中及靠近树干基部的土块缝里越冬。在大发生的年份,还可潜藏在落叶、枯草或土块下面越冬。每年发生代数,因各地气候而异。一般为3~9代。当平均气温达到9℃~10℃时即出蛰。此时芽露出绿顶。出蛰约40天,即开始产卵。7~8月间繁殖最快,8~10

月份产生越冬成虫。越冬雌虫出现的早晚,与树体受害程度有关。受害严重时,7月下旬即可产生越冬成虫。为害期大致从4月份到10月份。

【防治方法】 深翻地,早春刮树皮,消灭越冬成虫。防治红蜘蛛的药剂很多。若使用石硫合剂,萌芽期用1~3波美度,生长期用0.3波美度。喷施50%的三硫磷乳剂3000~4000倍液,杀虫也有良好效果。

(三)桃象鼻虫

桃象鼻虫(*Rhynchites heros* Roelofs.),又名桃虎。

【形态特征】 成虫连吻体长10毫米左右,暗紫红色,有金属光泽。头向前伸出似象鼻状的头管(吻),向下弯曲。卵椭圆形,乳白色。幼虫乳黄色,体略弯曲。身体各节背面多横纹,足退化。蛹体淡黄,尾端有刺毛一对。

【危害状】 成虫危害花、果实及嫩芽。产卵时,以口吻在果上咬一小孔,产卵其中。它咬果柄,造成落果。幼虫在果内孵化后即进行危害,使受害幼果干腐脱落。每条虫可危害果实10余个。危害严重时,桃树花瓣、嫩叶被食光,妨碍开花、结果和抽生新梢。

【发生规律】 该虫一年发生一代。以幼虫或成虫在树干周围土壤中越冬,少数在被害果实中越冬。越冬成虫于4月份花期前出蛰活动,不久后产卵,卵期为9~14天。幼虫孵出后,危害花冠、叶片及幼果,经过一个月左右,于5月下旬至6月上旬入土,9月中下旬化蛹,10月份羽化后仍留在土中,至次年春天出土为害。

【防治方法】 利用其成虫的假死性,在4月份于清晨露水未干前,摇动树枝,使其掉入制作的兜内,将其集中杀死。拾捡落果,用水浸泡,杀死其中的幼虫。冬初深翻地,也能杀死部分越冬虫。用90%敌百虫600~800倍液,在5月下旬至6月上旬喷布1~2次,对该虫有良好的防治效果。

(四)桃小绿叶蝉

桃小绿叶蝉(*Empoasca flauescens* Fabricius.),又称桃小浮沉子。

【形态特征】 成虫体长3~4毫米,全体淡绿色。头部中央有一小黑点,胸部背板有3个黑斑。翅半透明,白色微带绿。卵长椭圆形,一端稍尖,长约0.8毫米。若虫身体黄绿色,形状似成虫,无翅,若虫共5龄。

【危害状】 若虫及成虫在叶片背面刺吸汁液,在蕾、芽期危害嫩叶、花萼和花瓣。落花后,集中危害叶片。初期,叶片出现分散的失绿小白点,严重时全叶变成苍白色,引起早期落花,妨碍树势发展及花芽分化。

【发生规律】 该虫一年可发生4~5代。成虫在落叶、杂草和附近的常绿树丛中越冬。次年3~4月份开始出蛰,产卵在叶背主脉组织内。5月上旬,出现第一代若虫,若虫期为20天左右。6月份出现第一代成虫。至10月间,成虫始飞离桃树,潜伏越冬。

【防治方法】 在秋冬季搞好清园,消灭越冬成虫。桃展叶初期,喷布50%马拉硫磷,喷药时连同周边杂草、苗木一同喷布,将越冬成虫消灭在产卵之前。5~9月间根据虫情,在若虫盛发期喷上述药液,可消灭若虫。

(五)军配虫

军配虫(*Stephanitis nashi* Esaki et Takeya.),又名梨网蝽。

【形态特征】 成虫体长约3.5毫米,体扁平,翅宽,黑褐色。前胸两侧有两片环状突起和前翅,呈半透明网状。若虫初孵化时为白色透明,体长0.7毫米,几小时后变为淡绿色,形似成虫,渐成淡褐色,体长达2.0毫米左右。3龄后出现翅芽。卵椭圆形,淡黄色,透明,一端稍弯曲,长约0.6毫米,产于叶肉内。从叶背看,可见一黑色的小斑点,即卵的开口处。

【危害状】 以成虫及若虫群集叶背,吸食汁液。受害叶片密布小白点,失绿,严重的呈苍白色。叶背常有大量的黑褐色粪便和黄色黏液,引起早落叶,影响树势、产量和花芽分化。

【发生规律】 一年发生3~5代。成虫在落叶、树皮缝隙、杂草、灌木丛和土块、石缝中越冬。次年展叶后,群集叶背吸食汁液,并在叶肉中产卵。产卵常数十粒卵集中一处,有黄褐色黏液覆盖,卵期约15天。第一代若虫于5月中下旬盛发,以后世代重叠。以第三至第四代危害最重,因为此时高温干燥的气候有利于它的繁殖。9月下旬开始越冬。

【防治方法】 重点是消灭越冬成虫和第一代若虫。以后世代交错,难于彻底防治。进行清园和深翻地,有利于消灭越冬成虫。喷施马拉松能防治其若虫。

(六)刺　蛾

刺蛾,又称毛毛虫。危害桃树的刺蛾,主要有褐刺蛾、青刺蛾和扁刺蛾三种。

【形态特征】

(1)褐刺蛾(*Thosea postornata* Hampsou.) 幼虫体长33毫米左右。黄绿色,背线、侧线为天蓝色,亚背线为红色。各节均有刺毛丛和两对小黑点。成虫体长15毫米左右,灰褐色。卵扁平,椭圆形,为黄色。茧长15毫米左右,鸟蛋状,淡灰褐色,在树冠下土中结茧越冬。

(2)青刺蛾(*Parasa consocia* Walker.) 又名四点刺蛾。幼虫体长21~27毫米,淡绿色,背线、侧线墨绿色,腹部第九、十节各有黑色绒球状斑点两个,背线两侧各节有蓝色小点。前胸及腹部第八、九节只有一对小点,其余各节有两对。各节生四个刺突,上生刺毛。成虫,体长10~19毫米,前翅黄绿色,肩角褐色,近外缘有黄色阔带,带的内外边有褐色绒纹各一条,后翅淡黄色。卵扁平,栗褐色。该虫在树干上结茧。

(3)扁刺蛾(*Thosea sinensis* Walker.) 幼虫体长约24毫米。扁平,长椭圆形,淡鲜绿色,各节横向着生四个刺突,背面中央近前方的两侧各有红点一个。成虫体长10～18毫米，前翅浅灰色，前缘近2/3处到内缘，有褐色横向联合纹一条。雄蛾翅中至末端有一黑点，后翅淡黄色，卵扁平，长椭圆形，背面有隆起。茧长约14毫米，鸟蛋状，淡黑褐色。在植株附近土中结茧越冬。

【危害状】 幼虫在叶背取食叶肉，残留上表皮，使之呈透明膜状。成虫吃食叶片，仅留叶柄及叶脉，严重发生时，叶片全部被食光。

【发生规律】 该虫一年可发生两代。第一代在6月份发生，扁刺蛾可提早半个月左右发生。7月下旬开始为害，至8月中下旬或9月份再次进入土中或树枝上，结茧越冬。

【防治方法】 进行冬耕，或修剪时铲除虫茧。幼虫盛发时，用90%敌百虫2000倍液的菊酯类，进行喷杀。要掌握虫情，以三龄前喷杀效果最好。

(七)红颈天牛

红颈天牛(*Aromia bungii* Fald.)，也是需要认真防治的桃树害虫。

【形态特征】 成虫体长28～37毫米。全体黑色，有光泽。前胸为棕红色，如红颈，故称为红颈天牛。两侧有刺突。雄虫触角比身体长，雌虫触角与身体等长。卵为乳白色，状似米粒。幼虫体长达50毫米，幼龄时为乳白色，老熟后稍带黄色。前胸背板扁平，为方形。蛹为淡黄色，前胸及两侧各有一突起。

【危害状】 幼虫蛀食树干。初期在皮下蛀食，逐渐向木质部深入，钻成纵横的虫道，深达树干中心，上下穿食，并排出木屑状粪便于虫道外，堆积在干周。受害的枝干，发生流胶，生长衰弱。当虫道环绕树干皮下一周时，桃树便枯死。

【发生规律】 幼虫在树干的虫道内蛀食两三年，老熟后在虫道内做茧化蛹。成虫在6月间开始羽化，中午多静息在枝干上。交尾后，产卵于树干或骨干大枝基部的缝隙中。卵经10天左右，孵化成幼虫,在皮下为害,以后逐渐深入到木质部。

【防治方法】 于成虫产卵前,在树干及大枝上涂刷白涂剂(用生石灰5千克,硫黄粉0.25千克,食盐100克,兽油100克,水适量,调匀而成),石硫合剂渣,防止成虫产卵其上。成虫羽化时,于中午组织人力捕杀成虫。7~9月份,在树皮裂缝处挖杀刚孵化不久的幼虫。当幼虫已蛀入树干后,用杀虫药液制成的药泥或药棉,堵塞排粪孔,或挖出粪屑用高压枪射入药液,都可奏效。桃园发现红颈天牛后,必须及时防治,否则几年后会造成全园衰败。

(八)桑白蚧

桑白蚧(*Pseudaulacaspis pentagona* Targ.),亦是要认真防治的桃树害虫。

【形态特征】 雌成虫体长1.3毫米左右,无翅,橙黄或橘红色,宽卵圆形,触角呈瘤状。其介壳圆形或椭圆形,灰白色,近中央有橙黄点。雄虫体长约7.0毫米,前翅膜质,透明。有触角10节,生有毛。介壳白色,长扁筒形,背部有三条纵脊,壳点黄色,位于前端。卵为椭圆形,长约0.3毫米,橙黄色。若虫扁椭圆形,橙黄色,体长约0.3毫米,有足三对,能爬行。蛹仅雄虫有,为裸蛹,橙黄色。

【危害状】 以雌成虫和若虫群集固着在二年生枝条上,吸食枝内养分,二三年生枝上数量最多,严重时整个枝条为虫覆盖,甚至重叠成层,引起枝条的凹凸不平。其分泌的白蜡质物覆满枝条,好像涂白一般。被害枝发育不良,严重时整枝枯死,以至全株死亡。

【发生规律】 此虫发生的代数因地而异。广东一年可发生五代,浙江发生三代,北方地区发生两代。以受精的雌虫在枝干上越冬。越冬雌虫于次年5月份产卵,卵产在壳下,每虫可产卵40~400粒。卵期约15天。若虫孵出后,爬出母壳,在二至五年生枝上,固定位置吸食汁液,5~7天后,开始分泌毛蜡。若虫期为40~

45天。羽化后交尾,雄虫死亡。雌虫于7月中下旬至8月上旬产卵。每头雌虫可产卵50粒。卵期10天左右。孵化后的若虫于8月中旬至9月上旬羽化。受精雌虫于枝上越冬。

【防治方法】 在个别枝上初发现该虫时,应立即剪去枝条烧毁,或刮除成虫集中烧毁,或用10%碱水刷洗受害枝干也可。药剂防治,若喷杀幼虫,必须严格掌握在幼虫出壳、尚未分泌毛蜡的一周内进行。一旦幼虫分泌毛蜡后,就难以杀死。另外,保护红点唇瓢虫和日本方头甲寄生蜂等天敌,也有防治效果。

(九)桃蛀螟

桃蛀螟(*Dichicrocis punctiferalis* Guen.),对桃果危害较严重,应认真防治。

【形态特征】 成虫体长约12毫米,翅展22~25毫米,橙黄色,前翅有黑色斑点20余个,后翅有黑色斑点10余个。卵椭圆形,初期为乳白色,孵化前变为红褐色。幼虫体长22毫米,头颈暗褐色,背面淡红色,身体各节有淡褐色斑点数个。蛹长13毫米左右,褐色,腹部末端有卷曲臀刺6个。

【危害状】 以幼虫蛀食果实。卵产于两果之间或果叶连接处。孵化后,幼虫即从果实肩部或两果连接处蛀入果实。一果可蛀入1~2条幼虫,严重的可达8~9条之多。幼虫有转果蛀食的习性。被害果实由蛀孔分泌黄褐色透明胶汁,并排泄粪便粘在蛀孔周围。危害严重时,即俗云"十桃九蛀"时,会造成落果减产。

【发生规律】 该虫在我国南方地区,一年可发生4~5代,北方地区发生2~3代。以老熟的幼虫在向日葵花盘与茎秆,或玉米、高粱等多种作物残体中做茧越冬。次年4月份化蛹,蛹期约8天,5月份羽化为成虫。此后6月下旬、8月上旬和9月上旬至10月上中旬(南方),各发生一次。随后,以幼虫陆续开始越冬。若桃园附近有玉米、高粱、向日葵等作物时,自第二代则可转移为害。幼虫期为15~20天,老熟后在果间、果枝间结茧,经蛹期8天左右,即羽化为成虫。成虫在果间和果叶间产卵,也可转移到向日葵花盘或高粱穗上产卵。卵期约6~8天,孵化幼虫后继续为害。

【防治方法】 冬季处理向日葵、玉米、高粱等作物秸秆,消灭越冬成虫。在越冬代(第一代)成虫出现前,及时套袋保护果实。在各成虫羽化产卵期,喷药1~2次。用20%速灭杀丁乳油3000倍液,或50%杀螟松乳剂1000倍液,2.5%溴氰菊酯5000倍液,均可收到良好的防治效果。

(十)梨小食心虫

梨小食心虫(*Grapholitha molesta* Busck.),又名桃折梢虫。

【形态特征】 成虫体长约6毫米,暗褐色,杂有白色鳞片。前翅前缘约有10个白色短斜纹。卵扁圆形,乳白色,半透明,孵化前1~2天出现黑心。幼虫体长10毫米左右,前胸背板及臀板都是褐色,体色桃红。蛹长约7毫米,黄褐色,表面光泽,尾端有7~8根尾刺。

【危害状】 梨小食心虫在梨和苹果上主要危害果实,对桃树主要危害新梢。危害桃树新梢时,从新梢未木质化的顶部蛀入,向下部蛀食。此时,树梢外部有胶汁及粪屑排出,嫩梢顶部枯萎。当蛀到新梢木质化部分时,即从梢中爬出,转移至另一嫩梢上为害,严重时造成大量新梢折心,萌生二次枝。

【发生规律】 该虫在华北地区每年发生3~4代,华南地区可发生6~7代。以老熟幼虫在树皮缝隙内结茧越冬。4月份化蛹,蛹期为11~14天。羽化为成虫后在桃叶上产卵,一雌虫可产卵20粒。第一代主要危害桃的新梢,有时也危害苹果新梢。以后各代主要危害梨及苹果果实,有时也蛀食桃果。幼虫期为13~17天。在北方地区,该虫于9月份开始越冬。在南方地区可到11月上中旬才陆续越冬。

【防治方法】 剪除被害新梢。在4月中旬至5月上中旬,在桃树上喷布菊酯类药剂和杀螟松乳剂1000倍液,抑制第一、二代幼虫的危害。6月份以后,在桃树上喷布菊酯类药剂或50%杀螟松1000倍液。因该害虫蛀食嫩枝或果肉,故喷药一定要适时。只有掌握在未蛀入之前喷药防治,才能收到好的效果。

(十一)桃潜叶蛾

桃潜叶蛾(*Lyonetia clerkella* L.),同样要对它加以认真的防治。

【形态特征】 成虫体长3~4毫米,翅展7~8毫米,体白色。前翅白色,有长缘毛,中室端部有一椭圆的黄褐斑。从前缘到后缘的两条黑色斜线,在末端汇合,外面有一三角形褐斑。前缘缘毛在斑前形成三条黑线,斑后有黑色缘毛,形成两条长缘毛黑线。斑的端部缘毛上有一黑点及一撮黑色的尖毛簇。后翅灰色。触角长于前翅。卵乳白色,圆形,幼虫体长约6毫米,头小,扁平,淡褐色。胸部和身体稍扁;有胸足三对,黑褐色。蛹长约3毫米,腹部末端有两个圆锥形突起,顶部各有两根毛。

【危害状】 桃潜叶蛾主要危害桃、杏、李和毛樱桃,也危害苹果和梨。幼虫潜入叶肉为害,叶肉被食成隧道,叶片表皮不破裂,形成白色弯曲的食痕。危害严重时,叶片枯黄,造成早期落叶。

【发生规律】 该虫以蛹在被害叶片上结茧越冬。4月中下旬羽化,展叶前后开始产卵在叶上,幼虫孵化后即潜入叶肉内为害。每年4月至9月份,可发生6~7代。9月份即开始化蛹越冬。

【防治方法】 由于该虫潜入叶内为害,在防治上主要应抓住越冬期及成虫期进行防治。在冬季清扫落叶,予以集中烧毁,消灭越冬的蛹。4月中下旬为成虫第二代羽化期,应及时喷布25%的灭幼脲3号1500倍液,或菊酯类药剂两次,可有效消灭越冬第一代成虫。7月中旬后,于成虫羽化盛期进行喷药防治。

第七章　桃果的无公害采收、分级、包装及贮运

桃果的无公害采收、分级、包装和贮运，是无公害桃生产的最后环节。务必防止最后环节中外界不良条件对桃果的污染，并进行安全生产的操作。所使用的工具及包装材料，必须干燥，无霉变，无虫蛀，无污染，无异味。采后进行分级的场所，也应避免浮尘严重所在地，如路边等。千方百计从各方面杜绝污染的可能性。

第一节　桃果的无公害采收

一、适期采收的重要性

桃果的色泽、风味与品质等，是反映品种特性的指标，主要是果实在树上发育过程中形成的，采收后几乎不会因后熟而增进。采收过早，果实尚未成熟，色泽差，果实体积也未能达到应有的大小，造成产量降低；同时后熟后的果实风味也会降低，且在贮藏过程中易受冷害。采收过晚，果实过于柔软，易受机械损伤和发生腐烂，难于贮运，而且含酸量急剧降低，使风味品质变差；还会造成采前落果增加，特别是采前落果较重的品种，如冈山 500 号、迎庆等，落果更为严重。因此，过早或过晚采收，都会降低果实的商品价值。

二、适宜采收期的确定

桃果的适宜采收期，要根据品种特性、具体用途、市场远近、运输工具和贮藏条件等因素来合理确定。

(一)按成熟度确定采收期

目前,生产上将桃的成熟分为下述几等:

1. 七成熟 白桃品种果实的底色为绿色,黄桃品种底色绿中带黄。果面基本平整,果实硬,毛绒较密。

2. 八成熟 果皮的绿色大部褪去,白桃呈绿色或乳白色,黄桃大部为黄色。果面丰满,果实稍硬,毛绒变稀。着色品种,阳面已经着色。果实开始出现固有的风味。

3. 九成熟 果皮的绿色基本褪尽,白桃呈乳白色,黄桃呈黄色或橙黄色。果面丰满光洁,毛绒稀,果肉有弹性,充分表现品种的固有风味。着色的品种充分着色。

4. 十成熟 果皮无残留绿色。溶质品种果肉柔软,汁液多,果皮易剥离,稍压伤即出现破裂或流汁。不溶质品种,果肉弹性下降;硬肉品种及离核品种,果肉开始发绵或出现粉质,鲜食口味最佳。

(二)按用途确定采收期

一般市场较近的鲜销桃,宜在八九成熟时采收。市场远,需长途运输的桃果,可在七八成熟时采收。溶质桃宜适当早采收,尤其是软溶的品种更应稍早一点采收,以减少运输途中的耗损。贮藏用的桃,一般在七八成熟时采收。加工原料用的不溶质桃,可在八九成熟时采收,此时采收的果实,加工成品色泽好,风味佳,加工利用率也较高。

三、采收方法

采收前要做好准备工作。估计好产量,依此准备采收时所需的果梯、果筐、包装材料和场地等。同时,组织人力,按采收、包装和装运等项目,安排专门人员,各负其责。

采收时,因桃的果实多数较柔软多汁,故工作人员应戴好手套,或剪短指甲,以免划伤果皮。采果时要轻采轻放,不可用手指压捏,不能强拉果实,而应用手托住果子微微扭转,顺果枝侧上方摘下,以免碰伤。对果柄短、梗洼深和上肩高品种的果实,摘时不能扭转,而应全掌握果,顺枝摘取。蟠桃底部果柄处果皮易撕裂,采摘时尤应注意。另外,采摘时要保留果柄。若果实在树上成熟不一致,则要分期采摘。采果篮子不宜过大,以5~7.5千克装量为宜。篮内要垫以海绵或麻袋片,以防损伤果实。树上果实的采收顺序是,由外向里,由上往下,逐枝采收。采收后,将果实置于阴凉处,及时分级,防止其因受强光暴晒而失水。

四、采收作业时间

采收作业,应选晴天的早晨或傍晚进行。避免中午采收。采摘桃果,以上午10时前进行为最好。此时果温低,采后装箱,果实升温慢,后熟过程也慢。这样,既可延长贮运时间,又可以大大减少预冷时间,节省能源。

第二节 桃果的无公害分级与包装

一、分 级

果实的大小、重量、形状和品质等,因受自然和人为多种因素的影响,很难做到整齐一致。为使出售的桃果规格一致,便于包装和贮运,必须进行分级。同时,严格的果实分级,可以保证果品能优质优价的销售,实现桃树的高效益栽培。

目前,我国尚无统一的分级标准。所谓分级,通常是剔除腐烂果、伤果、病虫果,以及形状不整、色泽不佳、大小或重量不足的果实,剩余的即为好果。可参考表7-1无公害食品桃的感官要求,和表7-2所列北京市现行分级标准,进行分级。只要果形整齐,果型达到该品种应有的大小,成熟度合适,即可定为一级;稍小的,定为二级;太小,有轻伤,成熟不合适者,划为等外果品。目前,经济发达的国家，桃果的分级大多采用自动化分级机进行。

表 7-1　无公害食品桃的感官要求

项　目	指　标
新鲜度	新鲜、清洁、无不正常外来水分
果　形	具有本品种的基本特征
色　泽	具有本品种成熟时固有的色泽，着色程度达到本品种应有着色面积25%以上
风　味	具有本品种特有的风味，无异常气味
果面缺陷	雹伤、磨伤等机械伤总面积不大于2平方厘米
腐　烂	无
果肉变质	无
整齐度	果重差异不超过果重平均值的5%

表 7-2　北京市主要桃品种果实的分级标准

品　种	等级果个数(个/500克)			
	一　级	二　级	三　级	等　外
大久保	3	4	4个以下	有病虫果或残伤
白　凤	3	4	4个以下	有病虫果或残伤
庆　丰	4	5	5个以下	有病虫果或残伤
玉　露	4	5	5个以下	有病虫果或残伤
白　花	3	4	4个以下	有病虫果或残伤
燕　红	3	4	4个以下	有病虫果或残伤

二、包　装

桃的果实，属于新鲜易腐性的商品。进行包装，对于保持其良好的商品状态、品质和食用价值，是非常重要的。它可以使产品在处理、运输、贮藏和销售过程中，便于装卸和周转，减少因相互摩擦、碰撞和挤压等所造成的损失。还能减少产品的水分蒸发，保持产品的新鲜，提高贮藏性能。而且采用安全、合理、适用、美观的包装，对于提高商品价值、商品信誉和商品竞争力，也是至关重要的。特别是对于打入超市和外销的桃果，则更为重要。

(一)内包装

内包装，实际上是为了尽量避免果品受震动或碰撞而造成损伤，和保持果品周围的温度、湿度与气体成分小环境的辅助包装。通常，内包装为衬垫、铺垫、浅盘、各种塑料包装膜、包装纸及塑料盒等。聚乙烯(PE)等塑料薄膜，可以保持湿度，防止水分损失，而且由于果品本身的呼吸作用能够在包装内形成高二氧化碳量、低氧气量的自发气调环境，因而是桃的最适内包装。

(二)外包装

桃果皮薄肉嫩，不耐震荡、碰撞和摩擦，所以包装容器要小，一般以 10～15 千克的装量为宜，而且要有一定的支撑力。桃的外包装，目前以纸箱最为合适。它箱形扁平，轻便，每箱装两层，用隔板定位，可免摩擦挤压。箱边应打通气孔数个，以确保通风透气。装箱后用胶带封固。在生产中，也可以用木箱、泡沫塑料箱和较牢固的竹筐等。

三、预冷处理

桃果采收后，含有较高的热量。若不及时降温，排除田间热，在贮运过程中便易于造成腐烂。采后，首先应将果实运至阴凉通风处，散发田间热，再进行分级和包装。包装后，置阴凉通风处待运。这是我国大多数产桃区收购的处理方法。国外大多是进行预冷，使用长途运输的专用冷藏车。这对保持果实品质，减少损耗，延长货架期，提高商品价值，都能收到良好的效果。

预冷的方式，一般采用风冷法和水冷法。水冷时，可用 0℃温度预冷。在水中可以加入一定浓度的真菌杀菌剂。果实冷却至0℃时沥去水分。贮藏用桃的预冷温度，应以0℃为宜。不能过低，以免引起冷害。

第三节 桃果的无公害贮藏

一、桃果贮藏前的准备

首先要选择好贮藏用的品种。不同品种的果实，其贮藏性状差别很大。如水蜜桃类的玉露桃、白花桃和大久保等品种的果实，都不耐贮藏，而一些晚熟品种，如肥城桃、青州蜜桃、京艳和八月脆等品种的果实，果肉较硬，汁液相对少一些，比较耐贮。硬肉桃类，如京玉和吊枝白等品种的果实，也比较耐贮藏。因此，要根据贮藏情况的需要，选择好供贮藏用桃的品种。

采前的农业技术措施，对桃的贮藏性影响很大。桃在贮藏过程中，易感染微生物而发生腐烂，这是它难以长期贮藏的主要原因之一。造成果实腐烂的主要三种病害，即褐腐病、软腐病和根腐病。其中软腐病和根腐病，在田间已侵染果实。其病菌通过虫伤、皮孔等侵入果实，在果实贮运时易大量生长和繁殖，并感染附近的果实，造成大量腐烂。因此，在果实生长期间，加强病虫害防治，可减少其贮藏中腐烂的发生。施肥要注意氮、磷、钾合理应用。氮肥过多，果实品质不佳，贮运性差。多施有机肥的果园，果实贮运性好。采收前7~10天要停止灌水。用于贮运的果实，采前不能喷乙烯利。

二、桃果的贮藏特性

桃对温度的反应比较敏感。采收后，桃在低温条件下，其呼吸强度被强烈的抑制，但易发生冷害。桃的冰点温度为-1.5℃~

-2.2℃之间,长期处于0℃的温度下易发生冷害。冷害发生的早晚与程度,与温度有关。据研究表明,桃在7℃下有时会发生冷害,在3℃~4℃条件下,冷害的发生处于高峰的状态,近0℃时发生冷害的程度反而小。受冷害的桃果,细胞皆加厚,果实糠化,风味变淡,果肉硬化,果肉或维管束褐变,桃核开裂,有的品种的果实受冷害后发苦,或有异味产生。不同品种的果实,其冷害症状不同。表7-3列出了几个品种桃果的冷害症状,可供进行桃果贮藏时参考。

表7-3 不同品种桃果冷害的症状

熟期	品　种	常温裸放天数	冷藏表现	自然冷藏	保味天数	冷藏适应性
早	五月鲜	1	维管束褐变、糠化	无　味	7	不　适
	六月白	1	维管束褐变、糠化	无　味	7	不　适
	麦　香	2	维管束褐变、糠化	无　味	7~10	不　适
	砂子早生	2	维管束褐变、糠化	味　淡	7~10	短　期
	津　艳	3	维管束褐变、糠化	味　淡	10~14	短　期
	大久保	2	果肉硬化	味　淡	14~21	较适宜
中	岗山白	1	果肉褐变	异　味	10~15	不　适
	北京14号	4	桃核开裂	发　苦	1	不　适
	绿化3号	1	果肉褐变	异　味	10~15	不　适
	绿化9号	4	果肉褐变,但可控制	适　口	15~20	适　宜
晚	中　秋	3	果肉褐变,但可控制	适　口	15~20	适　宜
	重阳红	5~7	桃核开裂	味　淡	15~20	较　适
	秋　蜜	5~7	发　硬	发　苦	15~20	不　适

桃的果实对二氧化碳很敏感。当二氧化碳浓度高于5%时,它就会发生二氧化碳伤害。二氧化碳伤害的症状,为果皮褐斑和

溃烂,果肉及维管束褐变,果实汁液少,肉质生硬,风味异常。

桃果表面布满绒毛,绒毛大部分与表皮气孔或皮孔相通,这使桃的蒸发面大大增加。因此,桃采后在裸露条件下失水十分迅速。一般在相对湿度为70%,温度为20℃的条件下,裸放7~10天,失水量超过50%。失水后果实皱缩,软化,严重者失去商品价值。

三、桃果的贮藏条件

(一)贮藏温度

桃适宜的贮藏温度为0℃~1℃,但长期处在0℃的温度条件下易发生冷害。目前控制冷害有以下两种方法:一种方法是间歇加温,如将桃先放在-0.5℃~0℃下贮藏15天后,升温到18℃贮两天,再转入低温贮藏,如此反复。另一种方法是采用两种温度对桃果进行处理。将采后的果实,先放在0℃的温度下贮藏2周,再转入5℃的温度下贮藏。

(二)贮藏湿度

桃果贮藏时的相对湿度,以在90%~95%之间为宜。湿度过大。易引起腐烂,加重冷害的症状;湿度过低,会引起过度失水和失重,损害桃果的商品性,从而造成不应有的经济损失。这两种情况,都要加以防止。

(三)气体成分

当温度和湿度等其它条件相同时,桃在氧气占1%,二氧化碳气占5%的气体条件下,可使贮藏时间增加一倍。因此,要积极创造这种气体环境条件,提高桃果贮藏的效益。

(四)防腐保鲜处理

桃在贮藏过程中,易感染病害而腐烂。若进行低温和气调贮藏,则可抑制病害的发生。若进行低温和气调外加防腐保鲜剂贮藏,则贮藏的效果最佳。常用的药剂,有仲丁胺及1号固体熏蒸剂和CT系列保鲜剂等,以及TBX药纸。

第四节　桃果的无公害运输

桃树在我国栽培广泛，但也受到地区的限制。随着桃树栽培区域化、良种化和商品标准化的实施，其果实的运输就成为流通过程中必不可少的环节。桃果属鲜活易腐果品，在长途运输过程中，果实品质主要受温度、湿度和时间等因素的影响，发生腐烂变质。按国际冷协1974年对新鲜水果、蔬菜在低温运输中的推荐温度，桃在1~2日的运输中，其运输环境温度为0℃~7℃，在2~3日的运输中，其运输环境温度为0℃~3℃；若途中超过6天，则应与低温冷藏温度相一致。桃在贮藏中，要求湿度为90%左右。环境气体组成指标为，氧1%~5%，二氧化碳2%~5%。这是有利于桃果贮藏的气体组成。通常用于长途运输的桃果，要进行防腐处理，所用的药剂有：特克多药纸，仲丁胺及其1号固体熏蒸剂，CT系列防护保鲜剂，如CT-3和CT-5。

我国目前进行短途运输，主要工具是汽车、拖拉机和畜力车。用于长途运输的工具，有火车、汽车和船舶，近年航空运输也有较快的发展。但这大都是常温运输。因此，对桃果运销的地点和时间，都有一定的限制。今后的发展方向，是采用冷藏车或冷藏集装箱运输。这样，可以保持运输途中有适宜的温度、湿度条件。这对开拓桃果的国际市场，是必不可少的。

在冷藏运输尚未广泛应用之前，为保持桃果的品质，在运输过程中应注意以下事项：及时调运，装卸要轻，码放要有间隙。如采用"品"字形码放，以利于通风降温。堆层不可过高。要采用棚车或加覆盖车辆运输，避免日光直晒。途中要减少振荡，防止振动生热，以减少运输中损耗，提高经济效益。

附录一 NY5112—2002 无公害食品 桃

前 言

本标准由中华人民共和国农业部提出。

本标准起草单位:农业部果品及苗木质量监督检验测试中心(郑州)、中国农业科学院郑州果树所。

本标准主要起草人:朱更瑞、王力荣、方金豹、方伟超、俞宏、何为华、李君、刘彦。

无公害食品 桃

1 范 围

本标准规定了无公害食品桃的要求、检验方法、检验规则、标志、包装、运输和贮存。

本标准适用于无公害食品桃。

2 规范性引用文件

下列文件中的条款通过本标准的引用而成为本标准的条款。凡是注日期的引用文件,其随后所有的修改单(不包括勘误的内容)或修订版均不适用于本标准,然而,鼓励根据本标准达成协议的各方研究是否可使用这些文件的最新版本。凡是不注日期引用文件,其最新版本适用于本标准。

GB/T 5009.12 食品中铅的测定方法

GB/T 5009.17 食品中总汞的测定方法

GB/T 5009.20 食品中有机磷农药残留量的测定方法

GB/T 5009.38 蔬菜、水果卫生标准的分析方法

GB/T 8855 新鲜水果和蔬菜的取样方法

GB/T 10651 鲜苹果

GB 14875 食品中辛硫磷农药残留量的测定方法

GB/T 14878 食品中百菌清残留量的测定方法

GB/T 14973　食品中粉锈宁残留量的测定方法
GB/T 17331　食品中有机磷和氨基甲酸酯类农药多种残留的测定
GB/T 17332　食品中有机氯和拟除虫菊酯类农药多种残留的测定

3 要 求

3.1 感官要求

应符合表1的规定。

表1 无公害食品桃的感官要求

项 目	指 标
新鲜度	新鲜、清洁，无不正常外来水分
果 形	具有本品种的基本特征
色 泽	具有本品种成熟时固有的色泽，着色程度达到本品种应有着色面积25%以上
风 味	具有本品种特有的风味，无异常气味
果面缺陷	雹伤、磨伤等机械伤总面积不大于2平方厘米
腐 烂	无
果肉褐变	无
整齐度	果重差异不超过果重平均值的5%

3.2 卫生要求

无公害食品桃的卫生指标应符合表2的规定。

表2 无公害食品桃的卫生指标

序 号	项 目	指标(mg/kg)
1	敌敌畏(dichlorvos)	≤0.2
2	乐果(dimethoate)	≤1
3	百菌清(chlorothalonil)	≤1
4	多菌灵(carbendazim)	≤0.5
5	三唑酮(triadimefon)	≤0.2

续表 2

序　号	项　目	指标(mg/kg)
6	氰戊菊酯(fenvalerate)	≤0.2
7	毒死蜱(chlorpyrifos)	≤1
8	溴氰菊酯(deltamethrin)	≤0.1
9	辛硫磷(phoxim)	≤0.05
10	铅(Pb 计)	≤0.2
11	汞(Hg 计)	≤0.01

4 试验方法

4.1 感官指标的检验

按 GB/T10651 规定执行。

4.2 卫生指标的检验

农药残留卫生指标的检验按表 3 的规定执行。

表 3　农药残留卫生指标检验方法

序　号	农药名称	检验方法
1	敌敌畏、乐果	GB/T 5009.20
2	多菌灵	GB/T 5009.38
3	百菌清	GB 14878
4	三唑酮	GB/T 14973
5	毒死蜱	GB/T 17331
6	溴氰菊酯、氰戊菊酯、甲氰菊酯	GB/T 17332
7	辛硫磷	GB/T 14875
8	铅	GB/T 5009.12
9	汞	GB/T 5009.17

5 检验规则

5.1 检验分类

5.1.1 型式检验

型式检验是对产品进行全面考核，即对本标准规定的全部要求(指标)进行检验。有下列情形之一者应进行型式检验：

a) 前后两次出厂检验结果差异较大；

b) 因人为或自然因素使生产环境发生较大变化；

c) 国家质量监督机构或主管部门提出型式检验要求。

5.1.2 交收检验

每批产品交收前，生产单位都应进行交收检验，交收检验内容包括包装、标志、感官要求，检验合格并附合格证的产品方可交收。

5.2 组批规则

同一产地、同时采收的桃为一个检验批次。

5.3 抽样方法

按 GB/T 8855 规定执行。以一个检验批次为一个抽样批次，抽样的样品必须具有代表性，应在全批货物的不同部位随机抽样，样品的检验结果适用于整个检验批次。

5.4 判定规则

5.4.1 每批受检样品抽样检验时，对有缺陷的样品做记录，不合格百分率按有缺陷的果重计算。每批受检样品的平均不合格率不应超过5%。

5.4.2 卫生指标有一个项目不合格，即判定该批样品不合格。

6 标 志

每一包装上应标明产品名称、品种名称、商标、产品的标准编号、产地或生产单位名称、详细地址、规格、净含量和包装日期等，标志上的字迹应清晰、完整、准确。

7 包装、运输、贮运

7.1 包装容器必须坚固耐用，清洁卫生，干燥无异味，内外均无刺伤果实的尖突物，并有合适的通气孔，对产品具有良好的保护作用。包装内不得混有杂物，影响果实外观和品质。包装材料及制备标记应无毒性。

7.2 桃采后立即按标准规定的质量条件挑选分级，包装验收，并迅速组织调运至销售地或入库贮存。

7.3 待运的桃,必须批次分明,堆码整齐,环境清洁,通风良好,严禁烈日暴晒、雨淋,注意防热。贮存和装卸时应轻搬轻放,运输工具必须清洁卫生。严禁与有毒、有异味等有害物品混装、混运。

(此为中华人民共和国农业部2002年7月25日发布的中华人民共和国农业行业标准,2002年9月1日起实施)

附录二 NY5113—2002 无公害食品 桃产地环境条件

前 言

本标准由中华人民共和国农业部提出。

本标准起草单位:农业部农业环境质量监督检验测试中心(北京)、中国农业科学院郑州果树研究所。

本标准主要起草人:越婴荣、欧阳喜辉、黄生斌、张敬锁、郑立鑫、王力荣。

无公害食品 桃产地环境条件

1 范 围

本标准规定了无公害桃产地选择要求、环境空气质量要求、灌溉水质量要求、土壤环境质量要求、试验方法及其采样方法。

本标准适用无公害桃产地。

2 规范性引用文件

下列文件中的条款通过本标准的引用而成为本标准的条款。凡是注日期的引用文件,其随后所有的修改单(不包括勘误的内容)或修订版均不适用于本标准,然而,鼓励根据本标准达成协议的各方研究是否可使用这些文件的最新版本。凡是不注日期的引用文件,其最新版本适用于本标准。

GB/T 6920 水质 pH值的测定 玻璃电极法

GB/T 7468 水质 总汞的测定 冷原子吸收分光光度法

GB/T 7475 水质 铜、锌、铅、镉的测定 原子吸收分光光度法

GB/T 7485 水质 总砷的测定 二乙基硫代氨基甲酸银分光光度法

GB/T 15262 环境空气 二氧化硫的测定 甲醛吸收-副玫瑰苯胺分光光度法

GB/T 15432 环境空气 总悬浮颗粒物的测定 重量法

GB/T 15434 环境空气 氟化物的测定 滤膜·氟离子选择电极法

GB/T 17135 土壤质量 总砷的测定 硼氢化钾-硝酸银分光光度法

GB/T 17136 土壤质量 总汞的测定 冷原子吸收分光光度法

GB/T 17138 土壤质量 铜、锌的测定 火焰原子吸收分光光度法

GB/T 17141 土壤质量 铅、镉的测定 石墨炉原子吸收分光光度法

NY/T 395 农田土壤环境质量监测技术规范

NY/T 396 农用水源环境质量检测技术规范

NY/T 397 农区环境空气质量检测技术规范

3 要 求

3.1 产地选择

无公害桃产地，应选择生态条件良好，远离污染源，并具有可持续生产能力的农业生产区域。

3.2 产地环境空气质量

无公害桃产地环境空气质量应符合表1的规定。

表1 环境空气质量要求

项 目		浓度限值	
		日平均	1h平均
总悬浮颗粒物(标准状态)(mg/m^3)	≤	0.30	—
二氧化硫(标准状态)(mg/m^3)	≤	0.25	0.70
氟化物(标准状态)($\mu g/m^3$)	≤	7.0	20
注：日平均温度指任何1日的平均浓度；1h平均浓度指任何一小时的平均浓度			

3.3 产地灌溉水质量

无公害桃产地灌溉水质量应符合表2的规定。

表2 灌溉水质量要求

项 目		浓度限值
pH		5.5~8.5
总铜/(mg/L)	≤	1.0
总汞/(mg/L)	≤	0.001
总铅/(mg/L)	≤	0.1
总镉/(mg/L)	≤	0.005
总砷/(mg/L)	≤	0.1

3.4 产地土壤环境质量

无公害桃产地的土壤环境质量应符合表3的规定。

表3 土壤环境质量要求

项目		含量限值	
	pH < 6.5	pH6.5 ~ 7.5	pH > 7.5
总砷/(mg/kg) ≤	40	30	25
总镉/(mg/kg) ≤	0.30	0.30	0.60
总汞/(mg/kg) ≤	0.30	0.50	1.0
总铜/(mg/kg) ≤	150	200	200
总铅/(mg/kg) ≤	250	300	350
注:本表所列含量限值适用阳离子交换量 > 5cmol/kg 的土壤,若 ≤ 5cmol/kg 时,其含量限值为表内数值的半数。			

4 试验方法

4.1 环境空气质量指标

4.1.1 总悬浮颗粒物的测定按照 GB/T 15432 的规定执行。

4.1.2 二氧化硫的测定按照 GB/T 15262 的规定执行。

4.1.3 氟化物的测定按照 GB/T 15434 的规定执行。

4.2 灌溉水质量指标

4.2.1 pH 的测定按照 GB/T 6920 的规定执行。

4.2.2 总铜的测定按照 GB/T 7475 的规定执行。

4.2.3 总汞的测定按照 GB/T 7468 的规定执行。

4.2.4 总铅的测定按照 GB/T 7475 的规定执行。

4.2.5 总镉的测定按照 GB/T 7475 的规定执行。

4.2.6 总砷的测定按照 GB/T 7485 规定执行。

4.3 土壤环境质量指标

4.3.1 pH 的测定按照 NY/T 395 的规定执行。

4.3.2 总铅的测定按照 GB/T 17141 的规定执行。

4.3.3 总镉的测定按照 GB/T 17141 的规定执行。

4.3.4 总砷的测定按照 GB/T 17135 的规定执行。

4.3.5 总汞的测定按照 GB/T 17136 的规定执行。

4.3.6 总铜的测定按照 GB/T 17138 的规定执行。

5 采样方法

5.1 环境空气质量监测的采样方法按 NY/T 397 的规定执行。

5.2 灌溉水质量监测的采样方法按 NY/T 396 执行。

5.3 土壤环境质量监测的采样方法按 NY/T 395 执行。

（此为中华人民共和国农业部 2002 年 7 月 25 日发布的中华人民共和国农业行业标准，从 2002 年 9 月 1 日起实施）

附录三　NY5114—2002　无公害食品桃生产技术规程

前　言

本标准由中华人民共和国农业部提出。

本标准起草单位：中国农业科学院郑州果树所、北京市农林科学院林业果树研究所。

本标准主要起草人：王力荣、朱更瑞、陈汉杰、方伟超、姜全、郭继英。

无公害食品　桃生产技术规程

1　范　围

本标准规定了无公害桃生产园地选择与规划、栽植、土肥水管理、整形修剪、花果管理、病虫害防治和果实采收等技术。

本标准适用于无公害桃的露地生产。

2　规范性引用文件

下列文件中的条款通过本标准的引用而成为本标准的条款。凡是注日期的引用文件，其随后所有的修改单(不包括勘误的内容)或修订版均不适用本标准，然而，鼓励根据本标准达成协议的各方研究是否可使用这些文件的最新版本。凡是不注明日期的引用文件，其最新版本适用于本标准。

GB 4285　农药安全使用标准

GB/T 8321　(所有部分)农药合理使用准则

NY/T 496　肥料合理使用准则　通则

NY/T 5002—2001　无公害食品　韭菜生产技术规程

NY 5113　无公害食品　桃产地环境条件

中华人民共和国农业部公告　第199号(2002年5月24日)

3 要 求

3.1 园地选择与规划

3.1.1 园地选择

3.1.1.1 气候条件

适宜的年平均气温为12℃~17℃，绝对最低温度≥-23℃，休眠期≤7.2℃的低温积累600h以上；年日照时数≥1 200h。

3.1.1.2 土壤条件

土壤质地以砂壤土为好，pH值4.5~7.5可以种植，但以5.5~6.5微酸性为宜，盐分含量≤1g/kg，有机质含量最好≥10g/kg，地下水位在1.0m以下。不要在重茬地建园。

3.1.1.3 产地环境

水质和大气质量按NY 5113执行。

3.1.2 园地规划

园地规划包括：小区划分、道路及排灌系统设置、防护林营造、分级包装车间建设等。

平地及坡度在6°以下的缓坡地，栽植行为南北向。坡度在6°~20°的山地、丘陵地，栽植行沿等高线延长。

3.1.3 品种选择和砧木选择

3.1.3.1 品种选择

根据气候，结合品种的类型、成熟期、品质、耐贮运性、抗逆性等制定品种规划方案；同时考虑市场、交通、消费和社会经济等综合因素。主栽品种与授粉品种的比例一般在5~8:1；当主栽品种的花粉不稳时，主栽品种与授粉品种的比例提高至2~4:1。

3.1.3.2 砧木选择

南方以毛桃为主；北方以毛桃或山桃为主；西北地区还可以选择甘肃桃或新疆桃。列玛格(Memaguard)是抗南方根结线虫的优良砧木，建议在生产中应用。

3.2 栽 植

3.2.1 苗木质量

苗木的基本质量要求见表1。

表 1 苗木质量基本要求

<table>
<tr><td colspan="3" rowspan="2">项 目</td><td colspan="3">要 求</td></tr>
<tr><td>二年生</td><td>一年生</td><td>芽 苗</td></tr>
<tr><td colspan="3">品种与砧木</td><td colspan="3">纯度≥95%</td></tr>
<tr><td rowspan="5">根</td><td rowspan="2">侧根数量条</td><td>毛桃、新疆桃</td><td>≥4</td><td>≥4</td><td>≥4</td></tr>
<tr><td>山桃、甘肃桃</td><td>≥3</td><td>≥3</td><td>≥3</td></tr>
<tr><td colspan="2">侧根粗度/cm</td><td colspan="3">≥0.3</td></tr>
<tr><td colspan="2">侧根长度/cm</td><td colspan="3">≥15</td></tr>
<tr><td colspan="2">病虫害</td><td colspan="3">无根癌病和根结线虫病</td></tr>
<tr><td colspan="3">苗木高度/cm</td><td>≥80</td><td>70≥</td><td>—</td></tr>
<tr><td colspan="3">苗木粗度/cm</td><td>≥0.8</td><td>≥0.5</td><td>—</td></tr>
<tr><td colspan="3">茎倾斜度(°)</td><td colspan="3">≤15</td></tr>
<tr><td colspan="3">枝干病虫害</td><td colspan="3">无介壳虫</td></tr>
<tr><td colspan="3">整形带内饱满叶芽数/个</td><td>≥6</td><td>≥5</td><td>接芽饱满,不萌发</td></tr>
</table>

3.2.2 栽 植

3.2.2.1 时 期

秋季落叶后至次年春季桃树萌芽前均可以栽植,以秋栽为宜;存在冻害或干旱抽条的地区,宜在春季栽植。

3.2.2.2 密 度

栽植密度应根据园地的立地条件(包括气候、土壤和地势等)、品种、整形修剪方式和管理水平等而定,一般株行距为 2m~4m×4m~6m。

3.2.2.3 方 法

定植穴大小宜为 80cm×80cm×80cm,在砂土瘠薄地可适当加大。栽植穴或栽植沟内施入的有机肥应是 3.3.2.2 规定的肥料。

栽植前,对苗木根系用 1%硫酸铜溶液浸 5min 后再放到 2%石灰液中浸 2min 进行消毒。栽苗时要将根系舒展开,苗木扶正,嫁接口朝迎风方向,边填土边轻轻向上提苗、踏实,使根系与土充分密接;栽植深度以根颈部与地面相平为宜;种植完毕后,立即灌水。

3.3 土肥水管理

3.3.1 土壤管理

3.3.1.1 深翻改土

每年秋季果实采收后结合秋施基肥深翻改土。扩穴深翻为在定植穴(沟)外挖环状沟或平行沟,沟宽50cm,深30cm~45cm。全园深翻应将栽植穴外的土壤全部深翻,深度30cm~40cm。土壤回填时混入有机肥,然后充分灌水。

3.3.1.2 中 耕

果园生长季降雨或灌水后,及时中耕松土;中耕深度5cm~10cm。

3.3.1.3 覆草和埋草

覆盖材料可以用麦秸、麦糠、玉米秸、干草等。把覆盖物覆盖在树冠下,厚度10cm~15cm,上面压少量土。

3.3.1.4 种植绿肥和行间生草

提倡桃园实行生草制。种植的间作物应与桃树无共性病虫害的浅根、矮秆植物,以豆科植物和禾本科为宜,适时刈割翻埋于土壤或覆盖于树盘。

3.3.2 施 肥

3.3.2.1 原 则

按照NY/T 496规定执行。所施用的肥料不应对果园环境和果实品质产生不良影响,应是经过农业行政主管部门登记或免于登记的肥料。提倡根据土壤和叶片的营养分析进行配方施肥和平衡施肥。

3.3.2.2 允许使用的肥料种类

3.3.2.2.1 有机肥料

包括堆肥、沤肥、厩肥、沼气肥、绿肥、作物秸秆肥、泥肥、饼肥等农家肥和商品有机肥、有机复合(混)肥等;农家肥的卫生指标按照NY/T 5002—2001的附录C执行。

3.3.2.2.2 腐殖酸类肥料

包括腐殖酸类肥。

3.3.2.2.3 化 肥

包括氮、磷、钾等大量元素肥料和微量元素肥料及其复合肥料等。

3.3.2.2.4 微生物肥料

包括微生物制剂及经过微生物处理的肥料。

3.3.2.3 使用肥料中应注意的事项

禁止使用未经无害化处理的城市垃圾或含有重金属、橡胶和有害物质的垃圾;控制使用含氯化肥和含氯复合肥。

3.3.2.4 施肥方法和数量

3.3.2.4.1 基 肥

秋季果实采收后施入,以农家肥为主,混加少量化肥。施肥量按1kg桃果施1.5kg~2.0kg优质农家肥计算。施用方法以沟施为主,施肥部位在树冠投影范围内。施肥方法为挖放射状沟、环状沟或平行沟,沟深30cm~45cm,以达到主要根系分布层为宜。

3.3.2.4.2 追 肥

追肥的次数、时间、用量等根据品种、树龄、栽培管理方式、生长发育时期以及外界条件等而有所不同。幼龄树和结果树的果实发育前期,追肥以氮、磷肥为主;果实发育后期以磷、钾肥为主。高温干旱期应按使用范围的下限施用,距果实采收期20天内停止叶面追肥。

3.3.3 水分管理

3.3.3.1 灌 溉

要求灌溉水无污染,水质应符合NY 5113规定。芽萌动期、果实迅速膨大期和落叶后封冻前应及时灌水。

3.3.3.2 排 水

设置排水系统,在多雨季节通过沟渠及时排水。

3.4 整形修剪

3.4.1 主要树形

3.4.1.1 三主枝开心形

干高40cm~50cm,选留三个主枝,在主干上分布错落有致,主枝方向不要正南;主枝分枝角度在40°~70°;每个主枝配置2个~3个侧枝,呈顺向排列,侧枝开张角度70°左右。

3.4.1.2 两主枝开心形

干高40cm~50cm,两主枝角度60°~90°,主枝上着生结果枝组或直接培养结果枝。

3.4.2 修剪要点

3.4.2.1 幼树期及结果初期

幼树生长旺盛,应重视夏季修剪。主要以整形为主,尽快扩大树冠,培养牢固的骨架;对骨干枝、延长枝适度短截,对非骨干枝轻剪长放,提早结果,逐渐培养各类结果枝组。

3.4.2.2 盛果期

修剪的主要任务是前期保持树势平衡,培养各种类型的结果枝组。中后期要抑前促后,回缩更新,培养新的枝组,防止早衰和结果部位外移。结果枝组要不断更新。应重视夏季修剪。

3.5 花果管理

3.5.1 疏花疏果

3.5.1.1 原　则

根据品种特点和果实成熟期,通过整形修剪、疏花疏果等措施调节产量,一般每 667m^2 在 1 250kg ~ 2 500kg。

3.5.1.2 时　期

疏花在大蕾期进行;疏果从落花后两周到硬核期前进行。

3.5.1.3 方　法

具体步骤先里后外,先上后下;疏果首先疏除小果、双果、畸形果、病虫果;其次是朝天果、无叶果枝上的果。选留部位以果枝两侧、向下生长的果为好。长果枝留 3 个 ~ 4 个,中果枝留 2 个 ~ 3 个,短果枝、花束状结果枝一个或不留。

3.5.2 果实套袋

3.5.2.1 套袋时期和方法

在定果后及时套袋。套袋前要喷一次杀菌剂和杀虫剂。套袋顺序为先早熟后晚熟,坐果率低的品种可晚套、减少空袋率。

3.5.2.2 解　袋

解袋一般在果实成熟前 10d ~ 20d 进行;不易着色的品种和光照不良的地区可适当提前解袋;解袋前,单层袋先将底部打开,逐渐将袋去除;双层袋应分两次解完,先解外层,后解内层。果实成熟期雨水集中的地区、裂果严重的品种也可不解袋。

3.6 病虫害防治

3.6.1 防治原则

积极贯彻“预防为主，综合防治”的植保方针。以农业和物理防治为基础，提倡生物防治，按照病虫害的发生规律和经济阈值，科学使用化学防治技术，有效控制病虫害。

3.6.2 农业防治

合理修剪，保持树冠通风透光良好；合理负载，保持树体健壮。采取剪除病虫枝、人工捕捉、清除枯枝落叶、翻树盘、地面秸秆覆盖、地面覆膜、科学施肥等措施抑制或减少病虫害发生。

3.6.3 物理防治

根据病虫害生物学特性，采取糖醋液、黑光灯、树干缠草把、粘着剂和防虫网等方法诱杀害虫。

3.6.4 生物防治

保护瓢虫、草蛉、捕食螨等天敌；利用有益微生物或其代谢物，如利用昆虫性外激素诱杀。

3.6.5 化学防治

根据防治对象的生物学特性和为害特点，提倡使用生物源农药、矿物源农药(如石硫合剂和硫悬浮剂)，禁止使用剧毒、高毒、高残留和致畸、致癌、致突变农药。使用化学农药时严格按照 GB 4285、BG/T 8231(所有部分)的要求控制施药量与安全间隔期，并遵照国家有关规定。

(此为中华人民共和国农业部 2002 年 7 月 25 日发布的中华人民共和国农业行业标准，从 2002 年 9 月 1 日起实施)

附录四　桃树周年管理工作历

一、二月份的管理工作

1. 制定全年管理计划。

2. 冬季整形修剪。

3. 清园与树体保护。

(1)清园。结合修剪,剪除病虫枝,并清除果园中的枯枝败叶,予以集中销毁,以消灭越冬病虫源。

(2)树体保护。对修剪中出现的1厘米以上的伤口,涂抹保护剂。刮去粗翘的老皮。在树干上绑草,诱杀越冬害虫。

三月份的管理工作

1. 进行新建桃园的定植工作。

2. 整形修剪。于上旬前完成。

3. 清园。应在中旬以前完成。

4. 施肥。于发芽前施一次以氮肥为主的复合肥,施后立即浇水。年前未施基肥的,应同时施入有机肥。

5. 开始进行病虫防治。萌芽前喷施浓度为5波美度石硫合剂一次。若芽已萌发,则喷3波美度的石硫合剂。对上年已发生冠腐病的病株,扒土晾根颈部,刮除病斑,涂药进行治疗。

四月份的管理工作

1. 疏花疏果。

(1)结合进行疏花与复剪,剪除无叶果枝和细弱枝。出现大花蕾时,开始疏花。疏去果枝基部及顶部的花蕾,选留中上部的好花蕾。一般留蕾数是留果数的2~3倍。

(2)授粉。对花粉败育的品种进行人工授粉,或放养蜜蜂传粉。

(3)疏果。落花后两周,幼果已分出大小时,进行第一次疏果,留果量一般为定果量的1~2倍。

2. 开始进行夏剪。对于双芽或三芽发生的新梢，只选留一个好的，而将其余的抹去。

3. 花后追肥与灌水。一般在花后一周左右进行，浇过堂水即可。灌水后中耕松土。

4. 播种或翻压绿肥。

5. 防治病虫害。挂糖醋罐和性诱剂，并开展虫情测报，及时进行防治。

五月份的管理工作

1. 定果。应在硬核期前完成。定果标准，一般大果型的长果枝留 1～2 个果；中果枝留 1 个果；短果枝的定果标准是 2～3 个枝留一个果。

2. 套袋。定果后，喷一次杀菌剂后即可套袋。一般要求 5 月下旬至 6 月上旬完成。

3. 进行夏剪。

(1)进行幼树的整形修剪。选定主侧枝，方位和角度不适宜的，用撑、拉的方法进行调整。过密的要予以疏除，其它的可进行控制。

(2)进行成龄树修剪。5 月下旬开始修剪，主要是调节主、侧枝生长势，控制旺长枝，疏除密枝。对内膛旺枝留 20 厘米左右后摘心，或扭梢，以培养结果枝组。

4. 施肥灌水。此期追肥，要注意钾、氮、磷三要素肥料的平衡。灌水应及时适量，不得过量。灌水后，中耕不宜过深。

5. 继续防治病虫害。此期病虫害发生较多，应及时换挂糖醋液和性诱剂。诱杀害虫。要加强病虫害测报，及时进行无公害防治。

六月份的管理工作

1. 继续进行夏剪。继 5 月份夏剪工作后进行。注意控制和去除主枝的竞争枝，控制徒长枝。

2. 撑、吊负荷重的大枝。

3. 采收首先成熟的果实。

4. 施肥灌水。具体要求与 5 月份施肥灌水相同。有条件者应进行地面覆草。

5. 防治病虫害。方法要求与5月份的相同。

七月份的管理工作

1. 采收相继成熟的果实。

2. 继续进行夏剪。主要控制徒长枝和疏除过密枝,保持树势平衡和树冠通风透光,以利于果实的发育和花芽的分化。

3. 进行土肥水管理。主要搞好覆草、刈压绿肥和根外追肥,并做好雨季排水工作。

4. 继续防治病虫害。方法要求同上月。

八月份的管理工作

1. 继续采收成熟果实。

2. 继续进行夏剪。方法要求同7月份。

3. 追施采后肥,以氮肥为主。

4. 继续防治病虫害。

九月份的管理工作

1. 继续采收此时成熟的果实。

2. 继续进行夏剪。此为最后一次夏剪,主要是剪去后期生长的嫩梢,以减少后期的营养消耗,增加营养积累,充实枝条,提高树体越冬的抗寒力。

3. 继续进行土肥水管理。视土壤水分情况,进行浇水和耕翻土地。月末即可开始施用基肥。

4. 进行后期病虫害防治,以保护叶片。

十月份的管理工作

1. 采收后期成熟的果实。

2. 深翻园地,结合施肥。翻地深度为20~30厘米。施基肥应于树冠下挖30~40厘米深沟,进行沟施。施入肥料为有机肥加氮磷等矿源化肥。

3. 灌冻水。

4. 进行树干涂白,保护树体。

十一月份的管理工作

1. 完成翻地、施肥和灌水工作。
2. 开始树体保护和清园工作。

十二月份的管理工作

1. 总结全年管理工作,进行技术培训。
2. 开始进行冬季修剪、清园、防治病虫与树体保护工作。

附录五　桃树主要病虫害及防治一览表

名　称	危 害 状	防治方法
桃炭疽病	危害果实和枝叶。果实被害初期,果面出现水浸状绿褐色病斑,后变褐,被害果脱落或挂于树上成僵果。枝梢受害,初为水浸状、浅褐色病斑,后变褐色,为长椭圆形,边缘带红,稍凹陷。叶以嫩梢叶片发病最多,以主脉为轴心向正面卷成管状。病菌在僵果和病枝上越冬。南方地区4月份,北方地区6月份即可大量发生	冬季清园,清除落果及病枝。萌芽前喷石硫合剂消灭病原。落花后每隔10天喷布一次杀菌剂,如托布津、多菌灵等。全生长季喷布3~4次
桃腐烂病(干腐病)	主要危害主干和主枝,症状不易发现。初期病部表皮呈椭圆形下陷,为浅褐色,有豆粒状胶点,胶点下组织腐烂,有酒糟味,渐及木质部。后期干缩凹陷。当病部绕干、枝一周时,则该枝干死亡。每年5~6月份为发病盛期	该病菌自伤口或皮孔入侵,故减少人为伤口和虫害,有防治作用。药剂防治同上。对初发病枝、干刮去病斑,涂杀菌剂,也有效果
桃褐腐病(灰霉病)	主要危害果实,也可危害花、叶和嫩梢。果实被害,初期为褐色圆形病斑,渐扩展全果面,果实脱落或挂在枝上,干缩成僵果。叶片受害变褐脱落。新梢皮裂流胶。花受害后变为褐色,枯萎,残留枝上。自幼果到成熟,均能受害,以成熟期受害最重	冬季清园,清除落果和病枝,集中烧毁。及时防治象鼻虫和食心虫。减少伤口。果实套袋。其它药剂防治同上

续附录五

名　称	危 害 状	防 治 方 法
桃冠腐病	主要发生在根颈部。严重时枝梢生长缓慢,叶片皱缩枯黄。根颈部皮层下陷,韧皮部变为褐色,有酒糟味。初期,与病斑对应的枝生长缓慢。病斑环绕干颈一周,则全树枯死。病原在土壤中生存,遇有积水或水分饱和时,直接侵染皮层。通过伤口更易侵染	春、秋发现地上部病症时,将根颈土壤扒开,刮去病斑,在伤口处涂杀菌剂,并晾晒。雨季及时排水。地下水位高的地区,应起垄栽树
桃疮痂病(黑星病)	主要危害果实,也可危害叶片和枝梢。果实病部多发生在果梗附近,未成熟时为暗绿色圆形斑点,近成熟时为黑色。病菌只危害果皮,被害后果肉继续生长,使果实发生龟裂,严重时落果。叶片发病,为不规则灰绿色病斑,形成穿孔,或落叶。枝梢发病呈暗绿色隆起斑,产生流胶,同样只害及表皮	秋、冬季清园,销毁病枝,杀死病原。加强夏剪,使树冠内部通风透光。萌芽前喷石硫合剂,消灭病原。在南方地区于4~5月、在北方地区于7~8月,喷2~3次杀菌剂
根瘤病(根癌)	主要发生在根颈及支、侧根上,有时枝条上也有发生。病部为球状或扁球状瘤,也可数瘤间相互愈合成不定形。数量为1~10余个,大小各不等。苗木病部多发生在接口愈合部。受害树发育缓慢,植株矮小,叶片黄化或脱落,果实小,树衰和死亡	桃园及苗圃进行轮作,病症严重的苗应销毁,轻者可剪去癌瘤,再用硫酸铜或K84浸根,或应用K84浇灌根部附近土壤

续附录五

名称	危害状	防治方法
桃缩叶病	主要危害叶片，有时也危害花、嫩梢和幼果。春季叶片刚抽生即卷曲，叶片发红。随着生长，叶片卷曲和皱缩加剧，叶色呈红褐色，增厚变脆，枯落。新梢被害，生长加粗，节间缩短，叶片簇生，严重时整枝枯死。花脱落，幼果呈红色，发育畸形，出现龟裂和疮痂。发病以降水多、湿度大时为盛	萌芽前喷石硫合剂，杀死越冬病原。喷药若能及时周到，一次喷药即可控制病情。连续2～3年实施，可彻底防治此病
细菌性穿孔病	主要危害叶片，有时也危害新梢和幼果。初期叶片产生透明水渍状小斑，扩大后为圆形或不规则形，直径为1～5毫米，褐色或紫褐色，边缘有黄绿色晕环。病斑渐干枯，周边形成裂缝，仅一小部分相连，脱落后形成穿孔。新梢受害初时产生圆形或椭圆形病斑，后凹陷龟裂，严重时枯死。被害果实初时产生褐色水渍状圆斑，后变暗褐色下陷，发生龟裂。春、秋的雨季发生较盛	冬季剪除病枝烧毁。萌芽前喷石硫合剂，消灭病原。5～6月份喷杀菌剂1～2次。
桃流胶病	主要发生在主干、主枝、大侧枝上，严重时小枝上也有发生。染病后枝干上分泌出透明柔软的树胶，与空气接触后变为茶褐色的胶块。导致树势衰弱，严重的树体提早死亡。发病原因为病菌感染所致	在桃树休眠期喷402抗菌剂或用它涂抹病处。在生长季喷布多菌灵等杀菌剂，每半月一次，可防病菌性流胶病。因虫口造成病菌入侵而感染时，应及时防治害虫

续附录五

名　　称	危害状	防治方法
蚜　虫	桃蚜与桃粉蚜,以成虫或若虫群集于叶片背或在嫩枝先端吸食汁液。粉蚜为害时,叶背布满白粉,可诱发霉病。桃蚜危害嫩叶,使之皱缩卷曲。受害树在当年的生长和结果受到严重妨碍,对次年开花结果也有不利影响。 桃瘤蚜危害,使嫩叶和老叶的叶缘向背面纵卷,卷曲处组织增厚,凹凸不平,渐变为紫红色,严重时妨碍当年的生长和结果。 蚜虫每年可发生 10～20 代,卵在桃枝间隙及芽腋中越冬,3月中下旬开始为害	清园,消灭越冬虫卵,展叶后用菊酯类或扑虱蚜等杀虫剂,于春天喷布 1～2 次,即可控制。可利用的天敌,有瓢虫、草青蛉和芽茧蜂等
红蜘蛛	危害桃的红蜘蛛,多数是山楂红蜘蛛,常群集危害叶背。雌虫长大吐丝拉网。早春开始在树冠的内膛为害,随代数增加而向外扩展。被害叶片开始出现黄点,虫口增多后扩大为片,逐渐焦枯脱落,严重的 7～8 月份大量落叶,影响树势及花芽分化。一般一年出现 3～9 代,为害期为 4～10 月份	雌成虫在树皮缝隙及桃树附近土块中越冬。秋季深翻地和早春刮树皮,可消灭越冬成虫。在萌芽期喷石硫合剂,生长季喷石硫合剂和杀螨剂,均有效
桃象鼻虫（桃虎）	以成虫危害果实、花和嫩芽为主。产卵时,以口吻将果实咬一小孔,产卵于其中,然后咬伤果柄,造成落果。卵在果内孵化后,幼虫在果内为害,使果实干腐脱落。每虫可危害 10 余个果实。成虫食花瓣及嫩叶,妨碍开花结果和抽生新梢。一年发生一代,以幼虫或成虫在树干周围土壤中越冬,少数在被害果中越冬	利用该虫的假死性,进行人工捕捉,集中消灭。拾取落果,浸于水坑,杀死幼虫。深翻地可杀死部分越冬成虫。5 月下旬至 6 月上旬,喷 1～2 次敌百虫

续附录五

名　　称	危　害　状	防治方法
桃小绿叶蝉（桃小浮尘子）	若虫、成虫在叶背吸食汁液，蕾期和芽期危害嫩芽、花萼及花瓣，落花后集中危害叶片。初期叶片出现分散白点，严重时全叶失绿，变为苍白色，造成早期落叶，妨碍树势及花芽分化。一年发生4～5代，成虫在落叶、杂草和常绿树丛中越冬。3～4月出蛰为害，至10月飞去越冬	秋冬季清园，消灭越冬成虫。展叶后喷杀虫剂，如敌敌畏、乐果等。第一次喷药时，应连周围杂草和树丛同时喷布，以消灭越冬成虫
军配虫（梨网蝽）	以成虫及若虫群集叶背吸食汁液。被害叶片初现密布的小白点，严重时失绿，呈苍白色，叶背并常有多量的黑褐色粪便和黄色黏液，造成早期落叶，影响树势、产量和花芽分化。一年常发生3～5代，成虫在落叶、树皮缝、杂草和土块中越冬	重点消灭越冬成虫和第一代若虫，方法同上。在发生期喷布马拉松等杀虫药剂，均有效果
刺　蛾（毛毛虫）	危害桃树的主要是褐刺蛾、青刺蛾和扁刺蛾三种。以幼虫在叶背取食叶肉，残留上表皮，呈透明膜状。成虫取食叶片，仅留主脉。严重时大量叶片被食光。一年发生两代。第一代在6月份发生，第二代在7月下旬开始为害。在土中或树枝上结茧越冬	进行冬耕或冬剪时，铲除虫茧。在幼虫盛发期，用敌百虫或菊酯类杀虫剂喷布树冠，以3龄前喷杀效果明显

续附录五

名　称	危 害 状	防治方法
红颈天牛	以幼虫蛀食树干及大枝。初期,幼虫在皮下蛀食,渐次深入到木质部,蛀成纵横交错的虫道,深达树干中心,上下穿食,排出木屑状粪便于虫道外,堆积在干周。被害枝干流胶,长势衰弱。当虫道环绕枝干一周时,造成死亡。幼虫蛀食两三年后老熟,在虫道内做茧化蛹,成虫于6月份羽化,交尾产卵于干、枝缝隙中,孵化为幼虫后,进入皮干蛀食	于成虫产卵前,在树干及大枝上刷白涂剂或石硫合剂渣,防止成虫产卵其上。中午,人工捕捉成虫。7～9月份人工挖刮幼虫。当幼虫已蛀入木质部后,用敌敌畏原液浸药棉堵塞排粪孔或挖出粪屑后用高压射入敌敌畏药液
桑白蚧壳虫	以雌虫和若虫群集在二年生以上枝上吸食养分,严重时整个枝条为虫体所覆盖,在其上分泌白色蜡质,形似涂白。被害枝生长不良,甚至枯死。一年发生代数,自北向南为2～5代。以受精雌虫在枝干上越冬	在个别枝上发现有该虫时,应即剪下树枝或刮下害虫烧毁,或用10%碱水刷涂。药剂防治必须在幼虫出壳尚未分泌蜡质时进行,喷敌敌畏等杀虫剂均有效
桃蛀螟	以幼虫蛀食果实。产卵于两果之间或果叶连接处。幼虫孵化后,从果实肩部或两果连接处蛀入果实,每果可蛀入1～2条甚或8～9条幼虫。幼虫有转果蛀食的习性。被害果蛀孔分泌胶液并有虫粪排出,最终造成落果。在北方一年发生2～3代,南方为4～5代。老熟的幼虫在向日葵花盘、玉米、高粱等多种植物体中做茧越冬	冬季及时烧掉各种秸秆,消灭越冬虫茧。实行套袋栽培。在成虫羽化期、产卵期喷施杀螟松和菊酯类杀虫剂,均有防治效果

续附录五

名　称	危害状	防治方法
梨小食心虫	在桃树上主要危害新梢。从受害新梢未木质化的顶部蛀入，向下部蛀食。枝上有胶液及粪便排出，嫩梢顶部枯萎下垂。当蛀到木质化部分即爬出，转移另一嫩梢为害，造成大量新梢折心，影响生长。一年发生3~7代，自北向南增加。老熟幼虫在树皮缝隙内结茧越冬	剪除被害新梢。在新梢发生期，喷布菊酯类、杀螟松等杀虫剂进行防治。必须在蛀入前喷药
桃潜叶蛾	主要危害叶片。幼虫潜入叶片取食叶肉，形成隧道。叶片表皮破裂，形成白色弯曲的食痕。严重时叶片枯黄，提早脱落。以蛹在被害叶片上结茧越冬，展叶前羽化，产卵于叶背，孵化后即潜入叶片内为害。一年发生6~7代	冬季清扫落叶，消灭越冬虫茧。在展叶前的羽化期，及时喷杀虫剂，消灭第一代成虫。在生长季中，要注意观察，在成虫羽化盛期喷药防治

附录六 北京市桃树苗木分级规格及检测

桃树苗木分级

等级	苗龄	茎	根系	芽
一级	2（秋接，次年出圃）	苗高120厘米以上，距接口10厘米处直径在1～2厘米	有4条以上长于20厘米的分布均匀且无破损、劈裂的侧根，并有较多长20厘米以上的小侧根和须根	在整形带内有8个以上饱满芽，如整形带内发生副梢，副梢基部要有健壮的芽
二级	2（秋接，次年出圃）	苗高100厘米以上，距接口10厘米处直径在0.8厘米以上	分布均匀，具有4条以上长度在15厘米以上的侧根	在整形带内有5个以上饱满芽

桃树苗木检测抽样量

苗木批量（株）	抽样数量（%）
1000以下	20
1000～1500	10
5000以上	5

附录七　桃幼树冬剪的量化指标

桃幼树冬剪量化指标 1

主枝级别	要求达到粗度(厘米)	剪留长度(厘米)	长粗比
1	1.5～2.0	40～50	25:1
2	1.5～2.0	50～65	25:1～27:1
3～4	2.0～2.5	55～75	27:1～30:1
5	1.5～2.0	50～65	25:1～27:1

桃幼树冬剪量化指标 2

侧枝级别	粗度(厘米)	剪留长度(厘米)	长粗比
1	1.5～1.8	33～40	22:1
2～6	1.5～2.0	37～50	25:1
7年以上	1.5～1.8	33～40	22:1

附录八　桃树的施肥时期与施肥量

<table>
<tr><td colspan="3">项　目</td><td>幼　树</td><td>结果树</td></tr>
<tr><td rowspan="3">基肥</td><td colspan="2">施肥时期</td><td>10月中下旬</td><td>果实采收后</td></tr>
<tr><td colspan="2">种　类</td><td>农家肥</td><td>农家肥</td></tr>
<tr><td colspan="2">用　量</td><td>25～50千克/株</td><td>100～150千克/株；占全年施肥量：早熟70%～80%；晚熟占50%～70%</td></tr>
<tr><td rowspan="8">追肥</td><td rowspan="7">土施</td><td rowspan="5">时　期</td><td>发芽前后</td><td>发芽前半个月</td></tr>
<tr><td>7月下旬</td><td>开花前后</td></tr>
<tr><td>采收前</td><td>核开始硬化期</td></tr>
<tr><td></td><td>采收前</td></tr>
<tr><td></td><td>采收后</td></tr>
<tr><td>种　类</td><td>速效性N、P、K肥为主，中后期P、K肥或复合肥</td><td>二元三元复合肥，前期以N为主</td></tr>
<tr><td>用　量</td><td>每年每公顷折合纯N、P、K分别在300千克，150千克，225千克以上</td><td>每产50千克果实施纯N 0.3～0.4千克，纯P 0.2～0.25千克，纯K 0.3～0.4千克</td></tr>
<tr><td colspan="2">叶面施肥</td><td>按成熟期不同分别于花期、幼果期、硬核期进行叶片测定指导施肥</td><td>盛花期喷布0.2%～0.3%的硼砂</td></tr>
</table>